KB107599

우주의
여행자

우주의 여행자

소행성과 혜성, 지구와의 조우

도널드 여맨스 지음 | 문홍규(한국천문연구원) 감수 · 전이주 옮김

NEAR-EARTH OBJECTS

FINDING THEM BEFORE THEY FIND US

플루토

감수자의 말

도널드 여맨스 박사는 오랫동안 나사NASA의 근지구천체 프로그램 연구실장으로 일해왔다. 외신을 타고 소행성에 관한 소식이 들려올 때마다 국내 방송과 신문에 그의 인터뷰가 소개된 것은 그 때문이다. 십 수년 전에 OECD 주관 워크숍에서 그와 이야기를 나눈 적이 있다. 이탈리아 프라스카티 근교를 산책하면서였을 게다.

소행성 연구자는 전부 합쳐봤자 몇 백 명이 안 된다. 게다가 선진국 편중이 심하다. 이 책에 나오는 어떤 이는 필자와 논문을 썼고, 또 다른 이는 그 논문을 심사했으며, 또 어떤 사람은 근지구천체 모델을 제공했다. 우주방위 프로그램을 제안한 데이비드 모리슨은 한국천문연구원을 방문해 근지구천체 위협에 대해 강의했고, 그와 함께 미 의회를 설득한 클라크 채프먼과 아폴로 9호 우주비행사 러스티 슈바이카르트와는 '2015 소행성의 날Asteroid Day' 국내행사 축하 메시지와 동영상 인터뷰를 받느라 몇 차례 이메일을 주고받기도 했다. 그리고 또 몇 사람들과는 이 책에도 등장하는 UN 회의에서 만나 충돌대책에 관해 논의하고 있다. 프라스카티에서 열린 워크숍에서 러스티의 친필 사인을 받느라 여맨스 박사도 그 긴 줄에 섰다.

여맨스 박사는 이 책에서 소행성 충돌에 관한 역사적 사실은 물론, 그 탄탄한 이론적 배경과 실제 연구현장에서 벌어지는 일들을 이웃집 아저씨처럼 편안하고 실감나게 펼쳐 보여준다. 이 책은 결코 만만찮다. 소행성과 혜성 연구분야에서 일하는 4~5명의 국내 전문가와 그보다 두 배 많은 학생들 외에는 일반 천문학자들도 모르는 내용이 태반이다. 그러나 그 원문을 보면 그가 글을 얼마나 쉽게 쓰는 사람인지, 또 그러려고 얼마나 노력했는지 알 수 있다.

여맨스 박사는 우리가 왜 근지구천체에 관심을 가져야 하는지 강변한다.

"그들이 우리를 찾기 전에 우리가 먼저 그들을 찾아내야만 한다!"

한국에 소개되는 이 책이 원서 못지않게 국내 과학 마니아들의 관심과 사랑을 독차지하게 될 거라 믿어 의심치 않는다.

문홍규(한국천문연구원)

한국어판 머리말

소행성과 혜성은 태양계 형성 초기에 행성들을 이루는 기본요소가 되었으며, 지구에 물과 유기분자들을 전달해 생명 탄생에 기여했을 거라 생각된다. 이 천체들은 생명이 태어난 뒤에도 오랜 시간 지구와 충돌했고, 그 결과 적응력 강한 종들만 살아남고 진화를 이어와 지금에 이르렀다. 현재 우리 인간이 존재하고 먹이사슬 최상위에 우뚝 서게 된 것은 어쩌면 이들 근지구천체Near Earth Objects, NEO들 덕분인지도 모른다.

소행성과 혜성은 우리가 언젠가 우주에 시설물을 짓는 데 쓰일지도 모른다. 또한 생명을 유지하는 데 필수적인 물과 태양계 탐사를 위한 우주선의 동력으로 이용될 수도 있다. 이처럼 근지구천체가 우리 미래에 펼쳐줄 잠재적 가능성은 그 크기에 비해 무한히 크다.

12세기 중반 고려시대의 저명한 학자인 김부식은 기원전 1세기에 나타난 혜성의 관측사실을 담은 역사서를 펴냈다. 현재 한국 천문학자들은 소행성과 혜성들에 대한 중요한 관측자료를 국제 천문학계에 제공하고 있으며, 매년 한국은 물론 세계 각국에서도 근지구소행성과 근지구혜성에 대한 관심이 늘고 있다. 따라서 지금이 한국어판으로 이 책을 세상에 내놓을 알맞은 시점이라고 생각한다.

2013년 초 이 책을 처음 펴낸 뒤 몇 가지 중요한 사건이 있었다. 2013년 2월 15일 이미 알려져 있던 작은 소행성 하나가 지구를 스쳐 지나갔으며, 그 몇 시간 전에는 예고도 없이 그보다 좀더 작은 소행성이 러시아 첼랴빈스크 부근 상공에서 지구 대기와 충돌했다.

스페인 남부 라 사그라 천문대에서 발견되어 이제는 367943 두엔데Duende라고 불리는 2012 DA14라는 이름의 이 소행성은 2013년 2월 15일 지표로부터 지구 반지름의 4.5배 거리 안쪽을 통과했다. 3만 5,800킬로미터에 떠 있는 정지위성보다 가까운 거리다. 다행스럽게도 정지궤도를 도는 어떤 위성에도 영향을 미치지 않았지만 말이다. 이 소행성의 지구 최접근을 전후해 천문학자들이 얻은 자료를 바탕으로 우리는 이 소행성이 9시간 주기로 자전하며, 반사율이 비교적 높아 입사되는 햇빛의 약 44퍼센트를 반사한다는 사실을 알게 됐다. 지구와 가장 가까워졌을 즈음 레이더 관측이 이루어졌는데, 이로부터 이 천체가 가로 20미터, 세로 40미터 정도로 길쭉한 모양이라는 것이 밝혀졌다. 크기가 이만한 소행성은 평균 700년에 한 번꼴로 지구에 충돌하며, 평균 25년에 한 번꼴로 이만큼 접근하는 것으로 예측된다.

같은 날, 또 다른 소행성 하나가 러시아 첼랴빈스크 상공에서 대기권으로 들어왔다. 이 소행성은 지평선에 대해 완만한 각도로 대기에 진입하면서 대형 화구를 만들어냈다. 충돌로 인해 지구 상층대기에서 어마어마한 양의 에너지가 방출됐고, 크고 작은 파편이 비처럼 떨어져 운석이 됐다. 이 소행성은 태양 방향에서 접근했기 때문에 충돌 전에는 발견되지 못했지만,

대기와 충돌하면서 발생한 화구는 러시아 현지의 차량 블랙박스 카메라와 세계 곳곳에 설치된 저주파 검출기 네트워크, 그리고 지구 궤도상에 떠 있는 미국 정찰위성에 잡혔다. 이처럼 지상은 물론 지구 상공에 있는 다양한 장비들 덕분에 충돌체의 특성이 자세히 밝혀졌다.

첼랴빈스크 상공에 화구가 나타난 고도는 약 23킬로미터였고, 충돌에너지는 TNT 44만 톤급에 달했다. 당시 섬광이 일어난 뒤 충격파가 도달하기까지 90초 정도 시간 지연이 있었다. 첼랴빈스크 시의 많은 시민들은 번쩍하고 하늘이 밝아졌을 때 창가로 달려갔다가 뒤이어 도착한 충격파로 부서진 유리 조각에 상처를 입었다. 1,500명의 시민들이 치료를 받아야 했지만 다행히도 사망자는 없었다.

첼랴빈스크 사건 직후에 회수한 운석은 대체로 1세제곱센티미터당 3.6그램g/cm^{3}의 밀도를 갖는 오디너리 콘드라이트ordinary chondrite로 보고됐다. 총에너지가 TNT 44만 톤급이라는 사실을 기초로 소행성의 지름은 18미터, 질량은 1만 1,000톤일 거라 추측된다. 충돌 전 첼랴빈스크 소행성은 태양을 공전하는 전형적인 근지구소행성이었다. 이 천체의 원일점은 화성과 목성 사이에 있는 소행성대 부근에, 근일점은 지구 궤도 안쪽에 있는 금성 궤도 부근에 위치했다. 그리고 2013년 2월 15일 마침내 지구와 이 소행성은 동시에 같은 지점에 도달해 지구를 떠들썩하게 만든 첼랴빈스크 사건을 일으킨 것이다.

첼랴빈스크 사건 16시간 후 소행성 2012 DA14는 지표에서 2만 7,700킬로미터 안쪽을 통과해 지나갔지만, 두 사건 사이에는 아무 관련이 없다. 무엇보다 두 천체는 전혀 다른 방향에서 접근했으며, 태양을 공전하는 두 천체의 궤도 역시 전혀 달랐다.

2월 15일 지구에 다가온 두 천체가 아무 관련이 없다는 두 번째 이유는 그 구성성분이다. 천문학자들은 망원경으로 얻은 스펙트럼을 기초로 2012 DA14와 첼랴빈스크 운석이 전혀 다르다는 사실을 알아냈다. 2012 DA14는 L형 소행성의 스펙트럼 특성을 나타냈는데, 이로부터 DA14는 칼슘과 알루미늄이 풍부하며 탄소가 주성분이라는 것을 알 수 있다. 반면 첼랴빈스크 상공에 떨어진 운석 파편은 규산염이 풍부한 오디너리 콘드라이트로 2012 DA14와 관련 없는 완전히 다른 종류의 광물이라고 보고됐다.

첼랴빈스크 운석의 모체는 지름이 약 18미터였고, 이만한 크기의 소행성은 근지구공간에 1,000만 개가 훨씬 넘을 것으로 생각된다. 이러한 소행성은 평균 50년에 한 번 지구에 충돌하리라 예측되지만, 그 대부분은 아직 발견되지 않은 채로 남아 있다. 그들이 우리를 찾기 전에 우리가 먼저 그들을 찾아야 하는 이유다.

도널드 여맨스

머리말

최근 지구 주변에서 소행성들이 많이 발견되기 전까지만 해도 근지구천체라 불리는 소행성과 혜성에 대한 자료는 모두 합쳐봤자 이 책은커녕 팜플렛 정도 분량밖에는 안 됐을 것이다.

거대한 가스와 먼지꼬리를 뽐내는 혜성은 수천 년 동안 기록되어왔다. 고대 그리스인과 중국인들에게 혜성은 앞으로 다가올 재앙을 암시하는 불가사의한 유령으로, 교회 중심의 중세시대에는 복수의 신이 죄로 가득 찬 세상에 내던지는 불덩어리로 비쳐졌으며, 공포의 대상이었다. 자신의 이름을 딴 혜성이 돌아오리라 처음으로 제대로 예측한 에드먼드 핼리는 1694년 후반 '혜성과의 충돌로 카스피 해와 세계 다른 큰 호수들이 대대적으로 침강됐을 것'이라고 추측했다. 1822년 영국 시인 바이런 경은 인류가 이와 같은 '악당 천체'로부터 지구를 지켜야 할 때가 오리라 상상했다.

> 과거에도 그러했으며 앞으로도 그럴 테지만, 저 혜성이 이 지구를 파괴하러 올 때 인간이 분수대에서 증기로 돌을 떼어내, 거인들이 그랬다

하듯 저 불덩어리에 대항해 저 산을 집어던지지 않을지 누가 알랴? 그러고 나면 우리는 다시 거인족의 전설과 천계와 전쟁을 벌이는 전설을 갖게 되리라.[1]

내태양계에서 꼬리를 뽐내는 혜성들은 인상적인 모습을 연출한다. 그런데 지구를 자주 위협해 우리가 두려워해야 하는 대상은 지구 주변에 훨씬 더 많은 소행성들이다. 그러나 근지구소행성들에 의한 위협은 최근에 와서야 깨닫게 됐으며, 우리는 그 위협을 전혀 알아차리지 못한 채 지내왔다. 그러는 사이에도 수없이 많은 근지구소행성들이 지구를 스쳐지나갔다.

소행성 에로스Eros는 1898년 최초로 발견된 근지구소행성이었으며, 그 후 13년 지나서야 앨버트Albert라는 이름의 두 번째 소행성이 발견됐다. 소행성 앨버트는 딱 한 달 동안 관측되고 나서 거의 100년 동안이나 잃어버렸다가 지난 2000년 다시 발견됐다. 1950년까지는 고작 13개의 근지구소행성이 발견됐는데, 천문학자들이 다른 천체를 관측하다가 우연히 찾은 것들이다. 근지구소행성에 대한 체계적인 사진탐색 작업은 1970년대가 되어서야 시작됐으며, 1980년대 들어 몇 개를 더 찾아내 1990년까지 발견된 근지구소행성은 모두 134개였다.

발견되는 근지구소행성은 1990년대에 급격하게 늘어났다. 그동안 쓰였던 사진기술이 아니라 CCD 검출기와 디지털화된 컴퓨터 처리를 바탕으로 계획적이고 체계적인 탐사관측 프로그램이 진행되면서 근지구소행성 발견은 비로소 급진전됐다. 주로 미국항공우주국NASA이 후원하는 전용 망원경과 고효율 검출기를 채택한 탐사관측 프로그램을 바탕으로 2012년 초반에 찾은 근지구소행성은 8,800개 이상이었으며, 그 후 놀라운 속도로 발견되고 있다. 1898년 최초로 근지구소행성을 발견하고 1960년 20번째 소행성을 발견하기까지 62년이 걸렸지만, 현대의 탐사관측 프로그램은 일주일에 약 20개의 근지구소행성을 찾아내고 있다.

대규모 근지구천체와 지구가 충돌하는 사건이 일어날 가능성은 극히 낮다. 하지만 실제로 그런 일이 일어난다면 그 영향은 엄청날 수밖에 없다. 근지구천체로 인해 실제로 누가 죽었는지 아는 사람은 아무도 없지만, 과거 지구에 중대한 충돌사건이 있었다는 증거는 확실하게 남아 있다. 그러나 아주 긴 시간을 두고 계산하더라도 근지구천체들과 충돌해 사망할 수 있는 연평균 사망자 수는 상어나 불꽃놀이로 인한 사망자 수와 비슷하며, 자동차사고로 죽는 사람들이 훨씬 많다. 그렇다면 뭐가 걱정인가?

중요한 것은 상어나 불꽃놀이, 자동차사고를 비롯해 우리가 익히 알고 있는 다른 재난과 달리 근지구천체의 충돌은 단 한 번만 일어나도 인류문명 전체를 완전히 파괴할 수 있다는 점이다.

도널드 여맨스

감사의 말

단 한 사람이 온전하게 쓴 책이 있을까? 이 책은 분명 그렇지 않다. 나는 혼자서도 거뜬히 이런 책을 쓸 수 있는 행성과학 분야 여러 권위자들의 조언을 받아들였고, 그들에게 감사드린다. 제트추진연구소의 앨런 체임벌린, 스티브 체슬리, 폴 초더스, 존 조지니 같은 동료들은 이 책을 부분적으로 검토해주었다. 이들은 지구 주변에 있는 모든 소행성과 혜성들의 운동을 감시하는 마법 같은 기술에 대해 알려주었다. 이 책의 상당 부분은 그들이 쓴 내용을 대변하고 있다.

저명한 과학자인 샌디아국립연구소의 마크 보슬로와 로렌스 리버모어 국립연구소의 데이비드 디어본, 전 우주비행사인 톰 존스와 러스티 슈바이카르트는 부분별로 읽고 의견을 주었다. 그들에게도 깊은 감사의 마음을 전한다.

나사 본부의 근지구천체 프로그램 책임자인 린들리 존슨은 책 전체 내용에 적극적으로 논평해주었다. 나사에 근지구천체 프로그램을 총괄하는 그러한 탁월한 능력을 갖춘 사람이 있는 것은 무척 다행이다. 근지구천체 문제에 대해 관심을 불러모으는 데 중요한 역할을 한 에임스연구센터와 외계 생명체연구소의 데이비드 모리슨과 사우스웨스트연구소의 클라크 채프먼은 콜로라도대학교 볼더 캠퍼스의 댄 쉬어스와 함께 책 전체 내용에 대해 여러 가지 제안과 조언을 주었다. 소행성과 혜성의 역학에 대해 궁금한 게 있으면 누구나 댄 쉬어스를 찾아간다. 이 분들에 대해서는 이 책에서 더 많은 이야기를 듣게 될 것이다.

처음 이 책 집필을 제안한 프린스턴대학교 출판부 부편집장 잉그리드 너리치와 출간을 도와준 제작 편집자 데비 테가든에게도 감사드린다. 이 두 사람은 내가 끊임없이 던지는 질문들에 인내와 끈기를 가지고 신속하고 현명하게 대응해주었다.

고고학자인 딸 새라와 변호사인 아들 키스의 지지에도 고마움을 전하고 싶다. 둘 다 많은 사랑을 받고 있으며, 필자는 그런 두 아이들에 대해 자랑스럽게 생각한다. 또한 이 책이 출간된 해에 태어난 첫 손자 헨리도 빼놓을 수 없다. 그 아이가 인생을 살면서 어떤 놀라운 일과 마법 같은 과학기술을 목격하게 될지 누가 알겠는가! 아내 로리는 제트추진연구소에서 내가 하는 일뿐 아니라 이 책을 쓰느라 보내야 했던 그 많은 밤과 주말시간을 항상 이해하고 받아들여주었다. 그녀는 내가 40년 넘게 사랑하는 사람이다.

차례

3장 · 행성이주가 만들어낸 근지구천체

4장 · 생명을 주고, 파괴하다

5장 · 근지구천체, 어떻게 찾아내고 어떻게 추적하나

6장 · 소행성과 혜성, 그것이 알고 싶다

7장 · 소행성, 우주의 보물창고

8장 · 지구를 단번에 파괴한다

9장 · 충돌을 예측하다

10장 · 다가오는 근지구천체 방향 바꾸기

1장

지구와 가장 가까운 이웃

공룡은 우주 프로그램이 없었기 때문에 멸종됐다.

- 래리 니븐

*일러두기

1 천문학 용어는 《천문학용어집》 2013년 판(한국천문학회 지음, 서울대학교출판문화원 출간)을 기준으로 했다.
2 본문의 괄호는 모두 저자가 단 것이다.
3 본문의 주석은 모두 옮긴이, 감수자, 편집자가 달았고, 원서의 주석은 이 책 뒷부분으로 옮겼다.
4 인명과 단체명 등 고유명사 대부분의 원어는 이 책 뒷부분에 각 장별로 가나다 순으로 옮겼다.

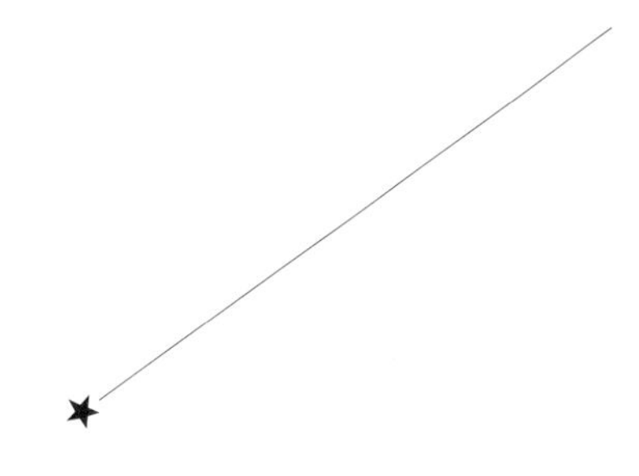

미셸 냅과 1980년형 쉐보레 말리부

미국 뉴욕 주 픽스킬에 살던 미셸 냅과 그녀의 1980년형 쉐보레 말리부 자동차 이야기를 소개하겠다. 1992년 10월 9일 비 내리는 금요일, 저녁 8시가 조금 못 되었을 때였다. 당시 열여덟 살 고등학생이던 미셸은 자기 집 진입로에서 나는 '쿵' 소리를 듣고 밖으로 달려나갔고, 자기 차 뒷부분이 축구공만 한 돌덩이에 완전히 박살난 모습을 목격했다. 12킬로그램 정도 되는 충돌체가 연료탱크를 살짝 비껴 차 트렁크에 제대로 구멍을 냈다. 일어날 수 없는 일처럼 들리겠지만, 지구 대기를 뚫고 들어온 근지구소행성 파편이 미셸의 차를 부숴버린 것이다.

처음엔 폭스바겐 비틀 크기만 했던 충돌체가 불타면서 하늘을 가로지르는 궤적은 웨스트버지니아 주에서 보름달보다 밝은 초록색으로 보였다. 펜실베이니아 주를 지나 뉴욕 주 상공에서 40초 넘게 북동쪽으로 날아가는 동안 이 작은 소행성은 공기저항 때문에 70개가 넘는 파편으로 산산조각

났다. 유일하게 살아남은 파편은 미셸의 쉐보레 말리부 아래서 마침표를 찍었다! 그날 저녁 고교 미식축구 경기를 보던 관중과 수많은 사람들이 펜실베이니아 주와 뉴욕 주 하늘을 가로질러 불타며 떨어지는 이 유성을 목격했다. 비록 미셸이 가입한 자동차 보험사는 이 사건은 어쩔 도리가 없는 자연재난이라고 주장하며 차량 손상에 대한 보상을 거부했지만, 그녀는 이후 '픽스킬 운석Peekskill meteorite'이라고 불리게 된 그 돌덩이와 12년 된 낡은 쉐보레 자동차를 6만 9,000달러에 운석수집단체에 팔아 최후에 웃는 사람이 되었다.

매일 적어도 100톤의 행성간물질이 대기권으로 비 오듯 떨어지지만, 그 대부분은 미세한 먼지나 아주 작은 돌멩이들이다. 표면에서 분출이 일어

그림 1.1 미셸 냅과 그녀의 1980년형 쉐보레 말리부. 1992년 10월 9일 작은 소행성 하나가 지구 대기권에 진입한 후 북동쪽으로 날아가며 웨스트버지니아 주와 펜실베이니아 주, 뉴욕 주 곳곳에서 멋진 화구사건을 보여준 뒤, 미셸의 1980년형 쉐보레 말리부 자동차 밑에서 최후를 맞았다(브룩스천문대의 존 E. 보틀 제공).

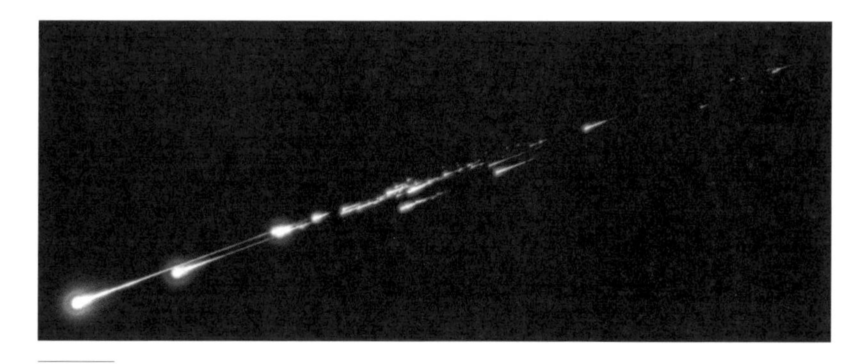

그림 1.2 픽스킬 화구사건을 일으킨 작은 소행성이 지구 대기권에서 대기압 때문에 70개 이상의 파편으로 산산조각 났다. 이 사진은 펜실베이니아 주 앨투나 시의 맨션파크 축구경기장에서 찍은 것이다. 이때 땅에 떨어진 운석은 단 하나였다(잡지 《앨투나미러》의 S. 아이치밀러 제공).

나는 혜성의 잔해인 그 많은 먼지와 모래알만 한 물질은 맑고 깜깜한 밤이면 유성(별똥별)으로 나타난다. 더 커다란, 농구공 크기만 한 돌덩이도 매일 비 오듯 지구로 쏟아진다. 이 정도 크기라면 눈에 잘 띄는 화구사건fireball event이 일어날 수 있지만, 대부분은 지구 대기의 방해로 땅에 떨어지지 못한다. 픽스킬 운석처럼 폭스바겐 비틀 크기의 산산조각 난 소행성은 평균 6개월에 한 번씩 지구 대기에 충돌한다.

독자들 가운데는 지금까지 화구fireball*를 한 번도 본 적 없는 사람도 있을 테고, 픽스킬 상공에 나타난 것 같은 큰 화구는 더더욱 본 적이 없을 테니 믿기지 않을지도 모른다. 하지만 지구표면의 대부분은 바다인 데다 사람이 살지 않는다. 더구나 밤새 하늘을 지켜보는 일이 얼마나 자주 있겠는가? 그렇지만 미국 국방부 위성들은 미사일 발사나 핵폭발을 사전에 탐지하기 위해 매일 24시간 아래를 내려다보면서 지구 상공을 감시하고 화구를 발견하기도 한다.

* 유성 가운데 특히 크고 밝은 것을 말한다.

현관에서 나가떨어진 세묘노프 씨

이번에는 1908년 6월 30일 러시아 시베리아 벽지인 퉁구스카에 떨어진 보다 큰 근지구소행성을 목격한 S. B. 세묘노프 씨를 소개하겠다. 이곳 농부인 세묘노프 씨가 퉁구스카 숲 상공 쪽에서 큰불이 난 것 같다고 생각한 것은 농산물 거래소에 앉아 있을 때였다. 큰 소리와 함께 강한 충격이 뒤따랐고, 세묘노프 씨는 그 충격으로 거래소 현관에서 몇 미터나 날아가 바닥에 떨어졌다. 폭발지점에서 남쪽으로 65킬로미터나 떨어져 있었음에도 불구하고, 그는 폭발로 인한 열이 셔츠에 불이 붙은 것처럼 뜨겁게 느껴졌다고 말했다.

미확인비행체UFO가 충돌했다거나 외계인이 신호를 너무 많이 보내서 그랬을 거라는 둥 터무니없는 소문을 포함해 이 사건을 설명하려는 여러 가지 추측이 난무했지만, 퉁구스카 폭발의 가장 그럴싸한 원인은 단연 근지구소행성의 대기권 충돌이다.

그것은 아마도 30미터만 한 바위로 된 소행성이었을 것으로 짐작된다. 이 바윗덩어리가 대기권에 진입해 8킬로미터 고도에 도달하자 그 진행방향 앞쪽의 대기압이 소행성을 '팬케이크처럼 납작하게 만들었고', 마침내 숲 위에서 폭발했을 것이다. 그 다음 엄청난 충격파가 지표를 따라 전파됐고, 수백만 그루의 나무가 빽빽하게 들어찬 2,000제곱킬로미터의 삼림이 초토화됐다. 정작 그 석질 소행성은 공중폭발로 산산조각이 났고 지면에 도달하지 못했기 때문에 숲에는 구덩이 같은 흔적도 없었고, 폭발지점 근처에 이렇다 할 운석도 남지 않았다.

현재 추정으로는 당시 발생한 에너지가 고성능 폭약 TNT 400만 톤(4메가 톤)의 폭발력에 해당한다고 보고 있다.[1] 지구 주변에 이처럼 30미터, 혹은 그보다 큰 소행성이 100만 개 넘게 날아다니고 있다는 사실을 생각하면 이런 천체가 몇 백 년에 한 번씩은 지구에 충돌할 거라고 예측할 수 있다. 대략 30미터급 소행성(퉁구스카에 떨어진 운석 크기)은 지표에 심각한 피해를 끼칠 수 있는 최소 크기의 충돌체다. 일반적으로 그보다 작은 석질 천체는 대기권을 통과할 때 살아남지 못할 가능성이 크다.

그림 1.3 1908년 6월 30일 퉁구스카 폭발을 목격했던 S. B. 세묘노프 씨. 폭발지점에서 65킬로미터나 떨어져 있었음에도 그는 현관에서 날아가 떨어졌고, 자신의 셔츠에 불이 붙은 것처럼 느껴졌다고 말했다(E. L. 크리노프 제공).

공룡은 이미 알고 있었다

근지구천체Near Earth Objects, NEO의 크기 분포를 들여다보면 지름 1킬로미터보다 큰 소행성이 1,000개가량 있다. 이 가운데 하나가 지구에 충돌한다면 지구 전체를 황폐화시킬 수 있지만, 다행히 그럴 가능성은 평균 70만 년에 한 번꼴이라고 생각된다. 나사NASA가 지원하는 탐사관측 프로그램들을 통해 이미 킬로미터급 소행성의 90퍼센트 이상이 발견됐고, 이들 가운데 다음 세기에 위협이 확실한 것은 아직 없다.

근지구천체 가운데 가장 큰 것은 지름 10킬로미터다. 6,500만 년 전 그중 하나가 육지와 해양에 사는 큰 척추동물 대부분과 많은 동식물들을 죽였고, 거의 모든 종을 멸종시켰다. 이 중대한 멸종사건의 증거인 구덩이crater*가 멕시코 유카탄 반도 끝 칙술루브 부근에서 발견됐다.

10킬로미터급 충돌체는 전지구적인 화재와 심한 산성비를 비롯해 그을음과 충돌 잔해물로 하늘을 뒤덮어 이른바 '멸종사건'을 일으킬 수 있다. 하늘이 캄캄해지면 광합성이 멈춰 식물이 죽고, 그러면 식물을 먹이로 삼는 육상과 해양생물들도 죽게 된다. 그렇게 1억 6,000만 년 넘게 시간이 흐르면 먹이사슬이 완전히 붕괴되기 때문에 대형 육상공룡은 충돌 이후 살아남을 수 없다.

10킬로미터급 근지구천체가 지구와 충돌하면 TNT 5,000만 메가톤과 맞먹는 상상하기 어려운 규모의 충격이 발생한다. 이 에너지는 히로시마 핵폭발이 1초마다 한 번씩 120년 동안 일어나는 것이나 마찬가지다! 우리가 아는 것처럼 그 정도의 근지구천체 충돌은 아주 드문 일이기는 하지만 문

* 소행성과 혜성 충돌로 만들어진 달이나 위성, 행성 표면에 남은 흔적을 말한다.

명의 종말을 부를 만큼 영향력이 대단한 것은 분명하다.[2]

나사의 목표 가운데 하나는 지구를 위협하거나 국지적, 혹은 지역적으로 재난을 일으킬 수 있는 규모가 큰 근지구소행성과 근지구혜성의 대부분을 발견하고 추적하는 것이다. 우리가 충분한 시간을 두고 미리 발견한다면 이러한 천체에 대처할 기술이 있다. 예컨대 충돌 가능성이 있는 보통 크기의 소행성에 큰 우주선을 충돌시키면 운동속도가 늦춰져 궤도가 바뀌고 더 이상 지구에 위협이 되지 않을 수 있다. 다 알려진 이야기지만, 공룡은 우주 프로그램을 가지고 있지 않았기 때문에 멸종됐다.

소행성, 혜성, 유성체, 유성, 운석

행성간공간*에서 태양 주위를 도는 암석으로 된 커다란 천체를 소행성asteroid 또는 minor planet이라고 한다. 소행성은 대체로 표면활동이 일어나지 않으며, 사촌격인 혜성과 달리 주변의 다른 소행성과 부딪치지 않는다면 물질을 내뿜지 않는다.**

혜성comet은 먼지덩어리를 얼음이 감싸고 있다는 점에서 대부분의 소행성과는 다르다. 태양에 다가가면 혜성의 얼음(주로 물로 된 얼음)은 태양열에 의해 데워져 증발하기 시작하고 얼음 안에 박혀 있던 먼지가 방출된다. 표면 부근에 있던 얼음이 모두 녹아 없어지거나 돌로 된 물질이 얼음을 두껍게 덮고 있어서 열이 차단된 비활동성 혜성은 더 이상 혜성이라 하지 않

* 태양계를 이루는 천체들 사이의 공간을 말한다.

** 최근 빠른 속도로 자전하면서 스스로 파괴되어 먼지가 분출되는 소행성들도 발견되고 있다.

고 소행성이라 한다.

소행성과 혜성의 유일한 차이라면 혜성은 태양 근처에 있을 때 얼음과 먼지를 빠른 속도로 잃어버리면서 눈에 띄는 꼬리를 남기지만, 소행성은 그렇지 않다는 점이다. 일부 소행성과 태양계 외곽 천체*들처럼 얼음으로 덮여 있더라도 얼음이 증발할 만큼 태양과 가까워지지 않는 천체들은 그냥 소행성으로 분류한다. 이들은 활동성이 없기 때문에 혜성이 아니다. 태양

표 1.1 근지구천체의 정의

소행성	태양 주위를 도는 (대부분) 암석으로 되어 있고, 비교적 크기가 작은 비활동성 천체다.
혜성	비교적 작고 때때로 표면활동이 일어나는 천체다. 얼음이 태양열로 증발하면서 먼지와 가스로 된 대기(코마coma)나 그 대기와 같은 성분인 꼬리가 생기기도 한다.
유성체	태양 주위를 도는 소행성이나 혜성에서 나온 작은 입자로, 크기가 1미터보다 작다.
유성	유성체가 지구 대기권에 들어와 증발하면서 밝게 보이는 현상을 말한다.
화구	금성보다 조금 밝은 것부터 태양 밝기에 이르기까지 일반적인 유성보다 더 밝게 보이는 현상을 가리킨다.
운석	지구 대기권을 통과해 지표면에 떨어진 유성체를 가리킨다.
근지구천체	태양에 1.3AU 이내로 접근하는 소행성과 혜성을 가리킨다. 근지구천체로 분류되려면 공전주기가 반드시 200년보다 짧아야 한다.
지구위협천체	지구 궤도에 0.05AU(750만 킬로미터) 이내로 접근하고 충돌로 재난을 일으킬 정도로 큰 소행성이나 혜성을 말한다.

* 해왕성 궤도 바깥, 즉 카이퍼 벨트부터 오르트 구름 안쪽에 있는 천체들을 가리킨다.

에 접근하는 활동성 얼음 천체(혜성)와 태양에서 멀리 떨어져 있는 비활동성 얼음 천체(소행성)는 물리적 구조가 똑같기 때문에 혜성과 소행성 사이에 분명하게 선을 그을 수 없다.

비활동성인 소행성의 작은 충돌 파편이나 태양 주위를 도는 활동성 혜성으로부터 나온 먼지의 지름이 면섬유 굵기인 10마이크론μ*에서 1미터 사이인 경우 이를 유성체meteoroid라고 한다. 아주 작은 유성체가 대기권에 진입해 대기 분자들과의 마찰력 때문에 증발하면서 빛을 내 유성meteor(또는 별똥별shooting star)이 된다. 유성은 대부분 혜성에서 나오는 모래나 자갈 크기의 입자들 때문에 생기지만, 대기권에서 일어나는 훨씬 더 밝은 화구 사건은 작은 소행성이나 큰 유성체가 일으킨다. 화구는 가장 밝은 행성**보다 조금 더 밝은 것부터 태양과 맞먹을 만큼 밝게 보이는 것까지 다양하다.

충돌 천체의 파편이 대기권을 통과하면서 살아남아 지표면에 떨어지면 그것을 운석meteorite이라고 부른다.

근지구천체와 지구위협천체들

천문학자들은 태양과 지구 사이의 평균거리를 1천문단위astronomical unit, AU라고 부르며, 약 1억 5,000만 킬로미터에 해당한다. 근지구천체는 태양에 1.3AU 이내로 접근하며, 그 궤도면이 지구 공전궤도면과 가까운 경우 지구 공전궤도에 0.3AU 이내로 접근하는 소행성과 혜성으로 정의한다.

---

* 1마이크론은 10^{-6}미터다.

** 금성을 가리킨다.

지구위협천체potentially hazardous objects는 지구 공전궤도에 0.05AU 이내로 접근하는 근지구천체를 말하며, 이 정도로 가까운 거리에서는 한 번만 가까이 지나가더라도 지구 중력 때문에 궤도가 바뀔 수 있다. 지표에 심각한 피해를 주려면 천체가 30미터나 그보다 커야 한다. 지금까지 발견된 일정 크기 이상의 근지구소행성은 근지구혜성보다 100배 이상 많지만, 고체로 된 혜성의 핵도 이와 마찬가지로 공룡을 멸종시킨 것과 같은 거대한 충돌체가 될 수 있다.

혜성의 잔해는 작은 유성체와 유성이 된다. 많은 혜성이 태양 근처를 지날 때 그 얼어붙은 핵이 증발하기 시작해 먼지나 모래 크기의 입자와 혜성 얼음에 박혀 있던 부서지기 쉬운 잔해들이 뿜어 나오면서 유성체흐름meteoroid stream이 만들어진다. 이 유성체는 이후 모母혜성이 지나간 자리에 남는다.

지구가 태양 주위를 돌다가 혜성에서 뿜어 나온 먼지 잔해를 통과할 때 유성우가 나타나기도 한다. 때때로 지구가 유성체들이 빽빽하게 모인 곳을 통과하면 유성(또는 별똥별)이 시간당 수백 개에서 수천 개까지 보이기도 한다. 매년 8월에 나타나는 페르세우스 유성우Perseids는 지구가 스위프트-터틀Swift-Tuttle 혜성에서 나오는 작은 입자들과 충돌할 때 일어나고, 매년 11월에 나타나는 사자자리 유성우Leonids는 템펠-터틀Tempel-Tuttle 혜성의 잔해 때문에 생긴다.

이따금 화성과 목성 사이에 있는 소행성대main asteroid belt*에서 소행성들 사이에 충돌이 일어나고 이러한 충돌로 파편이 만들어진다. 이 파편들은 격렬한 충돌에도 살아남아 근지구천체가 되거나 운석이 되어 떨어지기

---

* 화성과 목성 사이에 위치한 태양계에서 소행성이 가장 밀집한 지역을 가리킨다.

도 한다. 시간이 흐름에 따라 내행성inner planet* 지역에서 소행성끼리 충돌해 생긴 작은 파편의 수는 점점 늘어나고 큰 파편은 줄어든다. 그 결과 다행히도 지구에 충돌하는 근지구천체 대부분은 대기를 통과해 살아남기에는 너무 작고, 근지구공간에서 지구와 충돌해 전지구적인 영향을 미칠 만큼 큰 천체는 그렇게 많지 않다.

연구에 쓸 만한 운석은 충분히 많기 때문에 이미 많은 샘플이 실험실에서 자세히 분석되고 있다. 운석이 어느 소행성으로부터 왔는지 알아낼 수 있다면, 그 구성성분이나 구조에 대한 지식을 통해 우리는 46억 년 전 그 소행성의 모체가 만들어질 당시의 화학성분과 물리적 조건에 관해 중요한 정보를 얻을 수 있다.**

근지구천체의 여행

태양을 공전하는 지구 궤도는 원에 가깝지만 완벽한 원은 아니다. 궤도이심률e은 궤도가 원에서 벗어난 정도를 뜻한다. 원궤도는 이심률이 0이고 궤도가 길쭉해질수록 이심률은 1에 가까워진다. 열린 포물선궤도는 이심률이 1이고 쌍곡선궤도는 1보다 크다. 지구의 궤도이심률은 0.0167이다. 지구는 1월 초 태양까지의 거리가 약 0.983AU일 때 태양과 가장 가까운 지점(근일점)에 있고, 7월 초 약 1.017AU일 때 태양과 가장 먼 지점(원일점)에

* 지구 궤도 안쪽을 도는 행성인 수성과 금성을 말한다. 지구 궤도 바깥을 도는 행성을 외행성outer planet이라고 한다.

** 46억 년 전 태양계가 형성되기 시작했으며, 소행성과 혜성은 이 과정에서 행성이 되지 않고 남은 화석 같은 천체들이다.

도달한다.[3]

보통 천체의 근일점거리와 원일점거리는 각각 영문 알파벳 q와 Q로 나타낸다. 천체의 궤도에서 가장 긴 축의 거리를 장축이라고 하며, 당연히 궤도장반경 a는 이 거리의 반이다(그림 1.4). 이 용어들은 수학적으로 서로 관련이 있는데, 닫힌 타원궤도에서 근일점거리 $q=a(1-e)$이고 원일점거리 $Q=a(1+e)$이다.

1619년 독일 천문학자 요하네스 케플러는 궤도주기 P(단위: 년)의 제곱이 궤도장반경 a(단위: AU)를 세제곱한 값과 같다는 행성운동의 기본법칙을 제시했다. 예를 들면 궤도장반경이 2AU인 근지구천체는 2.8년의 궤도주기를 갖는다(즉 $2.8 \times 2.8 = 2 \times 2 \times 2$).

일부 근지구소행성과 많은 혜성들은 황도면, 즉 태양을 공전하는 지구궤도면에 대해 기울어진 궤도를 갖고 있다. 천체의 공전궤도면이 황도면과

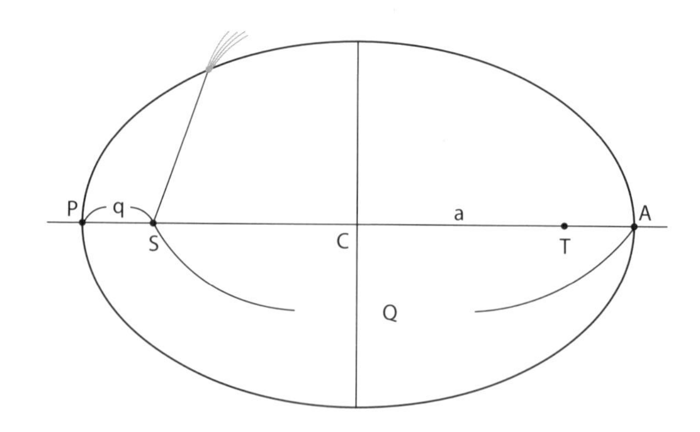

그림 1.4 공전궤도의 특성을 보여주는 그림. 태양 S가 소행성 타원궤도의 두 초점 중 한 곳에 위치한다(S, T). 타원의 긴 축(또는 장축)의 절반을 궤도장반경 CP라고 부른다. 거리 CP에 대한 CS의 비율이 궤도이심률 e다. 보통 근일점거리 SP는 소문자 q, 원일점거리 SA는 대문자 Q로 나타낸다.

이루는 사이각을 궤도경사각이라고 하는데, 가장 큰 궤도경사각을 가진 행성은 수성으로, 황도면과 7도만큼 어긋나 있다.

근지구소행성의 궤도 특성은 지구 궤도와 비교하여 네 종류로 분류된다. 네 그룹의 근지구소행성들은 실제로 같은 이름이 붙은 천체를 갖고 있다. 지구 궤도와 교차하지만 대부분을 지구 궤도 밖에서 보내는 아폴로 그룹 소행성Apollo group은 1862 아폴로의 이름을 땄고, 지구 궤도와 가까워지지만 서로 교차하지는 않는 아모르 그룹 소행성Amor group은 1221 아모르의 이름을, 지구 궤도를 통과하지만 대부분의 시간을 지구 궤도 안쪽에서 보내는 아텐 그룹 소행성Aten group은 궤도장반경이 지구의 궤도장반경보다 작은 2062 아텐의 이름을 땄다. 아티라 그룹 소행성Atira group은 공전궤도가 완전히 지구 궤도 안쪽에 있는 163693 아티라에서 이름을 따왔다. 지구 궤도와 가장 비슷한 것은 아텐 그룹과 아티라 그룹 소행성에 속하는 몇몇 소행성들인데, 그 때문에 이 소행성들은 우주선으로 가장 쉽게 갈 수 있는 반면 지구와 충돌할 가능성도 가장 크다.

소행성에 이름 붙이기

화성과 목성 궤도 사이에서 60만 개가 넘는 소행성들과 지구 주위에서 1만 개가 넘는 크고 작은 근지구천체들이 발견됐다. 이 숫자는 더 많은 소행성이 발견되면서 급속하게 늘어나고 있다. 현재 한 달에 3,000개가 넘는 소행성이 발견되고 있으며, 이들 가운데 수십 개의 근지구천체들도 있다.

혜성을 찾으면 대개 발견자나 프로젝트 이름에 발견한 연도와 시기를 붙여 임시 이름을 짓는다. 발견 연도 다음에 시기를 표시하며, 각 달을 상하 반기로 구분하는 문자를 사용한다. 이때 I와 Z는 쓰지 않고 24개의 알파벳만 활용한다. 2011 A2라는 혜성은 2011년 1월 상반기(A)에 발견된 두 번째 혜성(2)이다. 주기혜성인 스위프트-터틀은 뉴욕 주 마라톤에서 루이스 스위프트가 7월 16일에 발견했고, 그와 상관없이 사흘 뒤 하버드대학교의 호레이스 터틀[4]도 발견했다. 스위프트-터틀은 1862년 7월 하반기에 발견된 첫 번째 혜성이기 때문에 이름이 P/1862 O1이 됐다. P는 주기적으로 되돌아오는 주기혜성을 뜻한다. 궤도를 정밀하게 결정할 수 있을 만큼 여러 차

표 1.2 태양을 공전하는 근지구소행성의 궤도 네 종류

궤도에 따른 근지구천체	분류 기준	모양
아모르 그룹	지구 궤도 바깥, 화성 궤도 안쪽을 공전하며 지구에 주기적으로 접근하는 소행성들이다. 궤도장반경은 1AU보다 크고 근일점은 1.017~1.3AU 사이에 있다.	
아폴로 그룹	궤도장반경이 지구 궤도장반경보다 크고(a>1AU) 근일점이 1.017AU보다 작은, 지구 궤도와 교차하는 소행성들이다.	
아텐 그룹	궤도장반경이 지구 궤도장반경보다 작고 원일점이 0.983AU보다 큰, 지구 궤도와 교차하는 소행성들이다.	
아티라 그룹	궤도가 완전히 지구 궤도 안쪽에 있는 소행성들이다. 따라서 궤도장반경은 1AU보다 작고 원일점은 0.983AU보다 작다.	

례 관측되면 혜성에 순서대로 고유번호를 부여한다(예: 1P/핼리, 109P/스위프트-터틀).

소행성도 처음에는 이와 비슷한 방식으로 연도와 발견한 달의 상하반기, 그 반 달 안에 발견된 순서에 따라 임시 이름을 붙인다. 그러고 나서 충분히 관측이 이루어져 그 궤도가 확정되면 순서대로 숫자를 붙인다. 소행성에 고유번호가 부여되면 발견자가 사람이나 장소, 그밖에 자신이 선택한 이름을 소행성에 붙일 수 있는 특권을 갖는다. 그러나 사망한 지 100년이 안 된 정치인이나 군인의 이름은 기본적으로 배제된다. 또 애완동물 이름을 붙이거나 소행성 이름을 파는 것도 기본적으로 인정되지 않는다.[5] 하지만 이 '규칙'은 자리잡은 지 그리 오래되지 않았고 엄격하게 집행되지 않는 때도 많아서 실제로 소행성 중에는 개 세 마리와 고양이 한 마리가 있다.

소행성 이름이 너무나 많아서 대놓고 바보짓 할 수 있는 기회도 많다. 예를 들어 번호가 9007, 673, 449, 848, 1136인 소행성들의 이름을 연결하여 'James Bond Edda Hamburga Inna Mercedes'*라는 문자열을 만들어낼 수도 있다.

소행성은 최소 수백만 년 이상 오래 살기 때문에 소행성에 여러분의 이름을 붙이면 오랜 세월 불멸의 특권을 누릴 수 있다. 9킬로미터 크기의 규산염암으로 된 소행성 2956 여맨스Yeomans는 필자가 죽고 사라진 후에도 오랫동안 화성과 목성 사이에서 태양을 공전하리라. 소행성 이름은 종종 2001 아인슈타인Einstein, 6701 워홀Warhol, 8749 비틀즈Beatles, 1814 바흐Bach처럼 유명한 과학자나 주목받는 예술가, 사랑받는 음악가와 작곡가의 이름을 붙이기도 한다.

---

* '제임스 본드가 메르세데스를 타고 햄버거를 먹는다.'

근지구천체 덕분에

근지구천체에 속하는 작은 소행성과 혜성은 큰 행성들의 불쌍한 사촌이 아니다. 오히려 행성들이 태어나는 과정에서 살아남은 잔해이자 변화를 가장 덜 겪은 천체로서 46억 년 전의 화학적 · 열적상태에 관해 중요한 단서를 전해준다.

또 어쩌면 그들이 초기 지구에 탄소기반의 물질과 물을 실어 날라준 덕분에 생명이 태어났을지도 모른다. 그 후 일어난 충돌은 진화를 잠시 중단시키고 포유류처럼 적응력이 강한 종들만 계속해서 진화하도록 했다. 어찌 보면 우리가 지금 존재하고, 먹이사슬의 정점을 차지하게 된 것은 가장 가까운 저 이웃 천체들 덕분이 아닌가 싶다.

앞으로 근지구천체는 유인탐사와 행성 간 거주지에 활용될 자원이 될 수도 있다. 그곳에는 행성 간 주거지와 기지를 짓는 데 이용할 수 있는 금속과 광물질이 풍부하다. 수분이 함유된(혹은 점토질) 광물질과 얼음은 생명을 유지하는 데 쓰일 수 있고, 물은 가장 효율적인 로켓연료의 형태인 수소와 산소로 분리된다. 근지구천체들이 언젠가는 물과 연료의 행성 간 공급기지 역할을 할지도 모른다.

2010년 4월 미국 오바마 대통령은 나사에 화성 유인탐사의 디딤돌 역할을 할 근지구소행성 유인탐사 임무를 검토하라고 요청했다. 여러 해가 걸리는 화성 유인탐사에 필요한 기술과 이에 수반되는 위험을 가까운 소행성을 방문해 더 안전하고 신속하게 시험해볼 수 있기 때문이다. 역설적이게도 유인탐사에 가장 알맞은 근지구소행성은 지구에 접근할 가능성도 높은 위험한 궤도를 공전한다. 그럼에도 우리가 유인탐사를 통해 얻게 될 소행성의 구조와 성분에 관한 지식은 장차 화성 유인탐사를 위해서뿐 아니라 지구와 충돌할 위험을 밝혀내는 데에도 중요하게 쓰일 수 있다.

2장

–

태양계, 그 기원

이것은 저 까마득히 먼, 작은 세상에서 보내는 선물이자,

우리의 소리와 과학, 그림과 음악, 생각과 감정을 담은 상징이다.

우리는 우리의 이 시간 속에 살아남아,

당신들의 그 시간 속에 살기 위해 노력한다.

- 지미 카터 전 미국 대통령

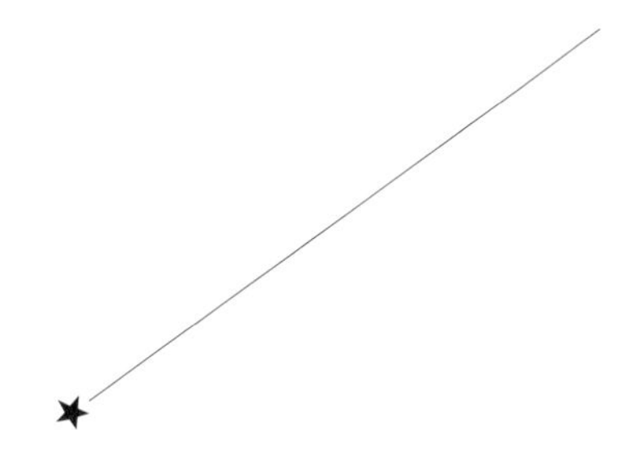

보이저와 함께 하는 태양계 여행

1977년 9월 5일 플로리다 주 케이프커내버럴에서 발사된 보이저 1호가 행성탐사의 대장정에 올랐다. 이 우주선에는 영상카메라와 거대한 가스 행성인 목성과 토성의 대기와 환경을 관측하기 위한 장비가 실렸고, 지구의 태양계에서의 위치를 개념적으로 나타낸 그림과 당시 논란을 일으킨 벌거벗은 남자와 여자의 모습이 새겨진 금도금된 알루미늄 비디오음반도 실렸다. 그 음반에는 지미 카터 당시 미국 대통령의 메시지와 쿠르트 발트하임 당시 유엔 사무총장이 55개 언어로 남긴 인사말, 바람과 천둥소리 같은 지구 자연의 여러 가지 소리가 담겨 있다.[1] 그와 더불어 요한 세바스찬 바흐의 브란덴부르크협주곡 2번 제1악장과 1958년 발매된 적 베리의 록큰롤 곡인 '자니 비 굿Johnny B. Goode'을 포함해 다양한 장르에서 선정된 27곡이 수록됐다. '자니 비 굿'은 2008년 《롤링스톤》 지가 선정한 가장 위대한 기타 연주곡 100선 가운데 1위에 오른 곡이다.

보이저 1호는 총알보다 17배나 빠른 초속 17킬로미터로, 현존하는 어떤 우주선보다 빠르게 태양으로부터 멀어지고 있다. 지금부터 보이저를 타고 바흐와 척 베리의 음악을 들으며 지구 밖 행성들 사이의 거리를 생각해보자.

1977년 9월 발사된 보이저 1호가 화성 궤도(태양으로부터 1.5AU 거리)에 도달하는 데는 석 달이 채 안 걸렸지만, 당시 화성은 우주선과 가까운 거리에 있지 않았다. 그로부터 불과 석 달 후 보이저 1호는 화성과 목성 궤도(5.2AU) 사이의 소행성대 안쪽 지역(2.5AU)을 통과했다. 뒤에서 자세히 설명하겠지만 근지구소행성 대부분은 목성과 토성의 '중력영향' 때문에* 자신이 태어난 소행성대 안쪽 지역에서 근지구공간으로 유입된다.

1979년 3월이 되자 보이저 1호는 목성을 앞서거니 뒤서거니 하며 태양을 공전하는 트로이 소행성군Trojan asteroids을 거느린 목성에 도달했다. 우주선은 이때 목성 반지름의 네 배 안쪽을 통과했다. 우리의 용감무쌍한 여행자 요한과 척은 행성 중력의 도움을 받아gravity assist** 태양까지의 평균거리가 9.5AU인 토성을 향해 20개월의 여행을 시작했다.

1980년 11월 보이저 1호가 토성의 가장 큰 위성인 타이탄으로부터 4,000킬로미터 안쪽을 통과하려면 행성들이 도는 공전궤도면을 벗어나야 했는데, 그 때문에 더 이상 행성에 바싹 붙어 접근하는 비행이 불가능했다. 우주선은 1984년 4월 천왕성 궤도(19.2AU)를 지나 3년 후인 1987년 4월 해왕성 궤도(30.1AU)를 통과했다.

해왕성 궤도를 지나면 태양으로부터의 거리 35AU에서 50AU인 지역에 진입한다. 이곳은 작은 얼음 천체들로 이루어진 카이퍼 벨트Kuiper belt(실

* 실제로 근지구소행성은 중력영향과 비중력적인 효과를 동시에 경험한다.

** 우주선이 행성 근처를 통과할 때 그 강한 중력으로 속도를 얻어 궤도를 바꾸는 방법을 말한다.

제로는 도너츠 모양의 납작한 원환체)라는 곳이다.[2] 왜소행성dwarf planet*인 명왕성은 이 가운데 가장 큰 천체로 2006년 국제천문연맹이 행성에서 왜소행성으로 강등시켰다.[3] 보이저 1호는 1992년 후반 활동성 없는 혜성과 비슷한 천체들로 이루어진 이 도너츠 모양 띠까지의 여정을 마쳤다.

단주기혜성**은 카이퍼 벨트에서 뛰쳐나와 근지구천체로 진화하는 것으로 보이는데, 어쩌면 산란원반scattered disk으로부터 왔을 가능성이 높다고 생각된다. 산란원반은 카이퍼 벨트 천체들이 펼쳐진, 우리가 고전적으로 생각하는 50AU 경계를 넘어 300AU 혹은 더 먼 곳까지 분포할지도 모른다. 해왕성은 이들 산란원반 천체가 근일점에 이르렀을 때 이 천체들을 교란시켜 근일점을 끌어당길 수 있다.

한편 센타우루스 천체centaurs는 목성과 해왕성 궤도 사이에 있는 얼음 천체들이며, 혜성이 산란원반에서 태양계 안쪽으로 유입되는 중간단계일 거라 생각된다. 센타우루스 천체들은 천왕성에 이어 토성, 마지막으로 목성에 의해 차례로 교란된 뒤 목성 영향권에 들어가는 단주기혜성이 된다.

일부 태양 연구자들은 카이퍼 벨트 바깥이 태양계 경계라고 말하지만, 요한과 척이 지금 속도로 2만 8,000년은 더 여행해야 비로소 태양계의 진짜 끝인 오르트구름Oort cloud에 도달한다.[4] 오르트구름은 1950년 그 개념을 제안한 네덜란드 천문학자 얀 오르트의 이름에서 따왔다.*** 태양으로부터 1,000AU에서 10만 AU 사이에 1,000억 개가 넘는 얼어붙은 혜성 핵이

* 2006년 8월 국제천문연맹 총회에서 태양계 행성에 대한 분류방식을 개정하면서 정의된 천체로 소행성보다 크고 무거우며, 행성보다 작고 가벼운 천체들을 가리킨다.

** 공전주기가 200년보다 짧은 혜성을 말하며, 공전주기가 200년이 넘으면 장주기혜성이라고 한다.

*** 실제로 이 개념을 처음 생각해낸 에스토니아 천문학자 에른스트 외픽의 이름을 병기해 외픽-오르트구름Öpik-Oort cloud이라고 부르기도 한다.

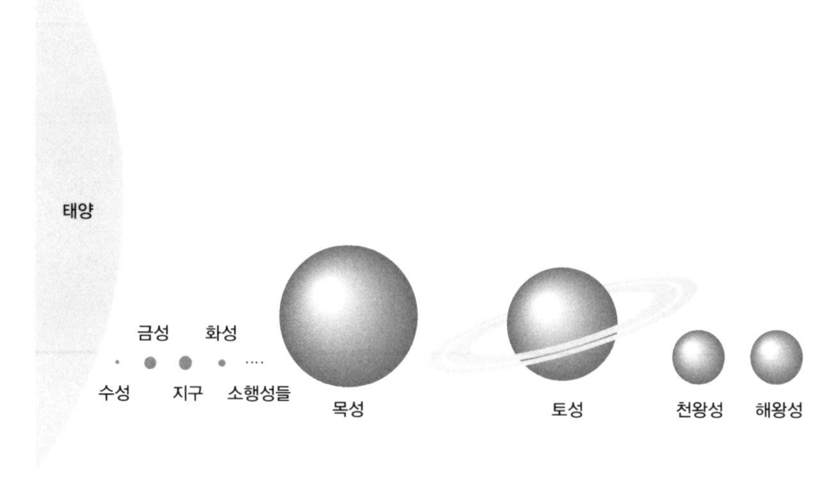

그림 2.1 태양계 가장 안쪽을 공전하는 지름 4,879킬로미터인 수성부터 지름이 14만 3,000여 킬로미터로 수성보다 29배가 큰 목성까지 8개의 주요 행성을 크기별로 나타낸 그림이다. 지구의 지름은 1만 2,756킬로미터다. 이 그림에서 행성들의 상대적 크기는 대략적으로 확인할 수 있지만, 행성들 사이의 거리는 무시해도 좋다.

둥둥 떠 있는 이곳은 태양의 중력이 겨우 영향을 미치는 태양계 최외곽지역이다.

오르트구름은 장주기혜성들의 고향이다. 근지구소행성과 달리 장주기혜성 대부분은 지구에 접근할 기회가 없다. 하지만 이들은 덩치가 제법 큰 데다 목성을 지나 태양에 접근해 덥혀지기 전까지는 전혀 눈에 띄지 않는다. 그래서 발견하기 굉장히 어려우며, 때문에 위협적인 장주기혜성이 어느새 지구에 바싹 다가오는 악몽 같은 시나리오가 펼쳐질 수 있다.

원일점이 오르트구름 경계에서 멀지 않은 장주기혜성이 이 구름 외곽에서 목성 궤도 안쪽까지 들어오는 데에는 1,000만 년이 필요하지만, 그러고 나서 지구 궤도까지 오는 데에는 고작 9개월밖에 걸리지 않는다. 우리가 목성 궤도 밖을 통과하는 혜성을 발견하고, 그 혜성이 지구를 위협하는 궤도에 있다는 사실을 깨닫게 된다 하더라도 우리가 대응할 수 있는 시간은 불과 몇 달에 지나지 않는다(10장 참고).

1997년 내태양계inner solar system*에 들어와 인상적인 광경을 연출한 혜성 헤일-밥Hale-Bopp은 그 고체로 된 핵의 지름이 60킬로미터로 추정된다. 헤일-밥은 현재 공전주기가 2,400년이며, 태양에서 360AU까지 걸친 타원 궤도에 묶여 있기 때문에 오르트구름보다는 카이퍼 벨트 바깥 산란원반 지

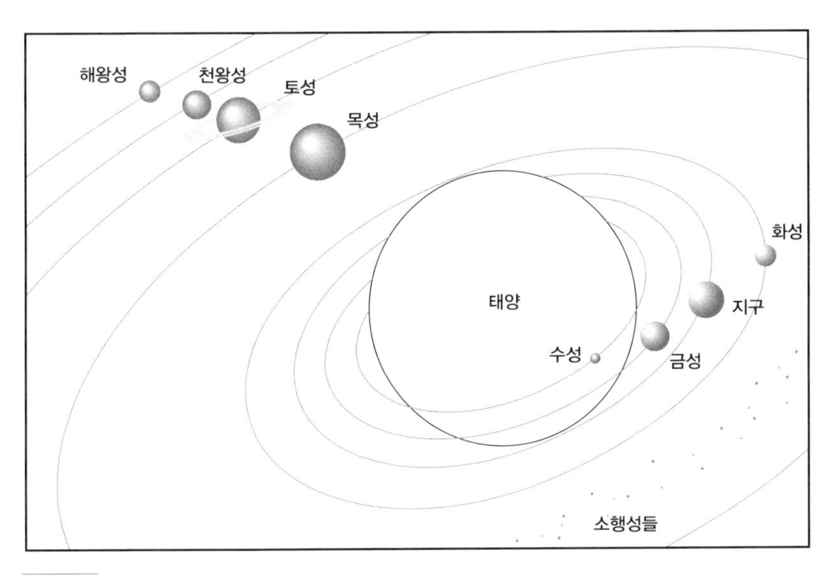

그림 2.2 이 그림은 태양과 8개 행성들의 거리를 개념적으로 나타낸 것이며 실제 거리와는 다르다. 수성, 금성, 지구, 화성, 목성, 토성, 천왕성, 해왕성의 궤도장반경은 각각 0.4AU, 0.7AU, 1.0AU, 1.5AU, 5.2AU, 9.5AU, 19.2AU, 30.1AU다.

* 태양계에서 암석으로 된 수성, 금성, 지구, 화성과 소행성대로 이루어진 지역을 말하며, 가스와 얼음으로 된 목성, 토성, 천왕성, 해왕성이 있는 지역과 그 바깥 지역이 외태양계다.

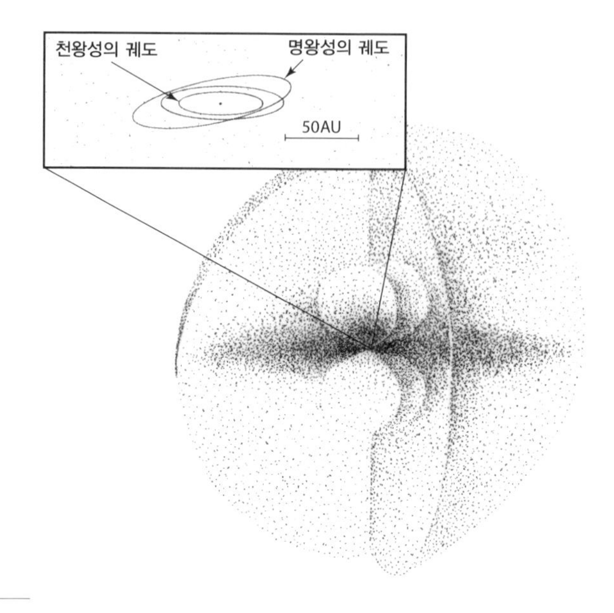

그림 2.3 카이퍼 벨트는 혜성 핵들이 납작하게 펼쳐진 지역이며, 가장 먼 행성인 해왕성 궤도 밖 50AU까지 분포한다. 왜소행성으로 분류되는 명왕성은 카이퍼 벨트에서 가장 큰 천체다. 혜성 핵들로 이루어진 산란원반은 카이퍼 벨트보다 위아래로 더 넓게, 태양으로부터 300AU가 넘는 지역까지 걸쳐 있다. 오르트구름에는 1,000억 개의 혜성이 분포하며, 10만 AU 거리에 있는 그 외곽은 태양 중력이 더 이상 혜성을 잡아 가두지 못하는, 태양계의 머나먼 경계다.

역에서 대부분의 시간을 보낸다. 이 혜성은 이처럼 태양 중력에 잡혀 있다. 반면 보이저 1호는 오르트구름 외곽의 태양계 경계에 도달한 뒤, 우리 태양계를 완전히 벗어난다.

보이저 1호가 특정한 별을 향해 나아가는 것은 아니지만, 제일 가까운 프록시마 센타우리Proxima Centauri*까지의 거리인 4.24광년(또는 26만 8,000AU)의 3분의 1(37퍼센트)이 넘는 거리를 여행하게 된다. 요한과 척은 현재 속도로 약 7만 5,000년 후에 그 거리에 도달할 것이다.

* 남쪽 하늘에 보이는 센타우루스 자리에 위치해 있으며, 태양에서 가장 가까운 별이다.

앞서 말한 것처럼 보이저 1호에는 금도금된 비디오 음반이 실려 있다. 사실 언젠가 그 음반이 우리은하에 있는 어느 별 주변 어떤 행성의 지적 생명체에 닿을 거라는 기대는 크게 하지 않고 싶었다. 수십만 년이 지난 뒤에 어느 외계인이 바흐의 브란덴부르크협주곡이나 척 베리의 정통 로큰롤을 즐길 확률은 희박하다. 그렇기는 하지만 언젠가 머나먼 항성에 딸린 행성계의 진화된 문명이 그들의 박물관에 저 지칠 줄 모르는 행성 간 여행자가 쉴 곳을 마련해줄 거라 바라는 것은 무리가 아닐지도 모른다. 그들에게는 서툴고 조잡하게 만들어진 비행선으로 보일지도 모른다. 그러나 보이저는 대담하게도 지구라는 해변 너머 저 미답의 바다로 나아간, 머나먼 곳에 살았던 한 종족의 호기심의 증표는 되리라.

태양계 천체들

태양은 태양계 질량의 99.9퍼센트를 차지하고, 목성은 태양계 나머지 천체들의 질량을 모두 합친 것의 1.5배가 넘는다. 그래서 행성들 사이에 지배자는 태양이고, 목성은 맏형, 토성이 그 다음이다. 따라서 목성과 토성은 소행성대에서 천체들이 지구 가까운 곳으로 유입되는 것을 통제한다. 표 2.1은 행성과 소행성, 혜성들의 태양 중심거리와 질량을 정리한 것이다.

표 2.1 행성들과 명왕성, 태양계 소천체들의 태양으로부터의 거리와 상대 질량

천체	태양으로부터 거리 (단위: AU)	질량 (지구 질량 기준)
태양	0	333,000
수성	0.39	0.055
금성	0.72	0.815
지구	1.0	1.0
달	1.0	0.012
화성	1.52	0.107
소행성대	2~4	6×10^{-4}
목성	5.2	317.83
트로이 소행성군	5.2	10^{-5}
토성	9.54	95.16
천왕성	19.18	14.54
해왕성	30.06	17.15
명왕성	39.47	0.002
카이퍼 벨트	35~50	<0.1
오르트구름	1,000~100,000	4~80

※ 태양의 질량은 1.99×10^{30}킬로그램이고, 지구의 질량은 5.97×10^{24}킬로그램이다.

먼지에서 태어나다

운석들의 동위원소비를 측정하면 태양계가 46억 년 전에 만들어지기 시작했다는 것을 알 수 있다.[5] 초기 천체들이 어떤 궤도를 따라 운동했으며,

어떻게 현재처럼 되었는지 알아보려면 시간을 거슬러 올라가 사건이 일어난 순서에 따라 그 과정을 논리적으로 재구성해야 한다.

과학자들은 자주 '모형model'이라는 용어를 쓴다. 모형은 가설의 체계와 수식, 데이터, 추론을 바탕으로 과학적인 과정이나 연속해서 일어난 사건을 설명하는 데 쓰인다. 따라서 모형은 측정결과를 제대로 설명해줄 수 있어야 한다. 이는 과학에서 중요한 부분이다. 모형이 제시한 예측이 새로 측정한 결과와 일치하는가? 그렇다면 됐다. 그 모형은 점수를 딴다! 그렇지 않다면 모형을 다시 만들거나 수정한 뒤 다시 예측과 측정결과를 비교 검증해야 한다. 창조론처럼 검증하기 어려운 모형은 신념이나 열정적인 주장을 바탕으로 하며, 과학의 영역 밖에 속한다.

최근까지만 해도 과학자들은 태양계의 기원을 설명하는 모형을 잘 이해하고 있다고 생각했고, 많은 천문학 교과서를 통해 '성운설星雲說, nebular hypothesis'이라는 이름으로 배워왔다. 그러나 우리 태양계와 다른 외계 행성계 관측에서 드러난 몇 가지 성가신 문제들은 이 고전적인 모형과 일치하지 않는다.

우선 전통적인 태양계 형성 모형(성운설)을 살펴본 뒤, 이 모형과 맞지 않는 관측사실을 확인해보자. 다음 장에서는 성운설의 단점을 해결할 새로운 모형을 짧게 설명하겠다. 새 모형은 최근 다른 별들 주변에서 찾은 특이한 행성계들을 설명하는 데에도 문제가 없다. 이 모형은 프랑스 니스Nice에 살고 있거나 잠시 머문 과학자들이 개발해 니스모형Nice model이라고 부르는데, 모형 자체도 아주 나이스하다.

현대 성운설은 태양계가 우리은하 여러 지역에 분포하는 성운들처럼 가스와 먼지로 이루어진 거대한 성운에서 출발했다고 가정한다. 구름을 이루는 성분은 대부분 수소이며, 그밖에 헬륨과 주기율표에 있는 다른 원소들이 포함된 먼지입자가 섞여 있다. 우리의 '원시행성계' 성운은 밀도가 균일하지 않았지만 조밀하게 뭉친 덩어리들이 여기저기 퍼져 있었다.

성운에서는 중력에 의해 그 주변 물질이 중심으로 낙하했으며, 각운동량을 보존하기 위해 천천히 회전하던 것이 더 빨리 돌게 됐다. 스케이트 선수가 팔을 쭉 편 상태로 회전하다가 몸 쪽으로 당기면 빨리 도는 것과 같은 이치다. 회전속도가 빨라져 중력효과를 상쇄했지만, 회전하는 평면에 수직한 방향으로는 아무 효과가 나타나지 않았다. 따라서 가스와 먼지로 된 성운은 프리스비처럼 생긴 회전하는 원반으로 진화했고, 그 중심 질량이 점점 커지면서 밀도도 늘어났다. 중심 온도가 섭씨 100만 도에 이르렀을 때 수소가 연소되어 헬륨을 만드는 핵융합반응이 점화됐다. 드디어 태양이 탄생했다! 초기 원시행성계 성운이 붕괴되는 데 10만 년이 채 걸리지 않은 걸로 생각되는데, 46억 년이라는 태양계 역사를 놓고 보면 굉장히 짧은 시간이다.

1,000만 년에서 1억 년에 달하는 긴 시간 동안 먼지입자들은 원시행성계 원반 중간 면에 가라앉으며 느리게 서로 충돌했다. 이들은 정전기력으로 서로 달라붙고 계속해서 느린 속도로 부딪치면서 더 크고 조밀한 입자들로 태어났다. 이처럼 티끌 간 상대 속도가 충분히 느리다면 질량이 커질수록 주변 물질을 효과적으로 끌어당길 수 있기 때문에 더 급격하게 성장했을지도 모른다.[6] 이렇게 행성을 만드는 기본단위(또는 미행성planetesimal)는 킬로미터급이나 그보다 큰 물질덩어리로 성장해 마침내 원시행성계 천체가 됐다.

이 천체들이 도달할 수 있는 크기는 태양으로부터의 거리뿐 아니라 이 천체들이 태어난 곳의 밀도와 구성성분에 따라서도 달라진다. 이 원시행성계 천체와 미행성 모두 태양 주위를 돌기 때문에 무거운 것들이 가벼운 미행성에 천천히 접근해 가벼운 미행성을 끌어당기는 작용이 계속해서 일어났을 것이다. 한편 느리게 움직이는 무거운 천체에 추월당하지 않은 주변 미행성들은 행성을 이룰 수 없을 만큼 운동에너지가 컸을 것이다. 목성이 그만큼 거대해진 것은 질량이 '폭풍성장'했기 때문인데, 그 결과 목성이 자신의 궤도 안쪽을 도는 미행성들을 역학적으로 교란시켜 미행성들의 상대속도가 빨라졌을 것이다. 그래서 결국 오늘날 소행성대에 속한 소행성들은 독립적인 행성으로 자라나지 못했다. 만약 이들이 행성으로 성장했다면 근지구소행성은 숫자가 굉장히 적었을 것이다.

물이 많은 행성

원시행성계 원반에서 물 분자 H_2O는 수소 분자 H_2에 이어 두 번째로 풍부했다. 이 원반에는 산소보다 헬륨이 훨씬 많았겠지만, 헬륨은 비활성이라 다른 원소와 쉽게 결합하지 않는다. 태양계에 수소와 헬륨 다음으로 많은 산소는 이와 대조적으로 훨씬 친화적이며, 가장 풍부한 수소와 쉽게 결합해 물 분자를 만든다.

태어난 지 약 100만 년이 지난 태양은 플레어 단계flare stage(또는 티타우리T-Tauri 단계)에 접어들었을 거라 생각된다. 이 단계에서 원시행성계 성운의 가벼운 가스들은 내태양계에서 바깥으로 날아갔다. 그 결과 거대한 가스 행성인 목성과 토성에 엄청나게 많은 수소와 헬륨이 유입됐고, 태양계 안쪽을 도는 행성들은 이 기체들이 거의 없는 암석 천체로 남았다.

이론으로만 존재하는 설선雪線, snow line이라는 것이 있다. 설선은 원시 행성계 원반 안쪽의 상대적으로 따뜻한 지역과 그 바깥의 춥고 얼음이 많은 지역을 나누는 개념이다. 설선 안쪽에서 물은 수증기 형태로 존재하지만 설선 바깥으로 넘어가면 온도가 낮아져 수증기는 얼음 알갱이로 응결한다. 얼음 알갱이는 느린 속도로 충돌해 서로 달라붙고, 이미 존재하던 미행성들을 빠른 속도로 성장시킬 수 있다.

현재 태양계의 온도분포를 보면 4AU 부근에 설선이 있겠지만, 초기 원시행성계 원반에서는 먼지 때문에 불투명도가 높아 화성(1.5AU)에 더 가까웠을 수 있다. 따라서 소행성대에 속한 일부 소행성은 물 얼음에서 만들어졌을 가능성이 있다. 실제로 최근 소행성대에서 활동적인 얼음 혜성 몇 개가 발견됐다.[7]

태양계 형성 모형 대부분은 설선 안쪽의 태양열과 원시지구를 만든 미행성들이 충돌하면서 추가로 발생한 열 때문에 지구가 건조한 상태에서 태어났으리라 예측한다. 이러한 충돌로 달이 만들어졌으며, 이어서 39억 년 전에는 미행성들이 지구와 달에 융단폭격을 가했던 후기 대충돌기Late Heavy Bombardment가 있었다. 그렇다면 현재 지구를 광범위하게 덮고 있는 바다가 어떻게 생겨났는지 궁금해진다. 그래서 4장에서는 얼음을 품은 근지구 천체들을 통해서 그 물의 일부가 어떻게 공급됐는지 알아볼 것이다.

지구는 생명체 서식가능지역habitable zone인 골디락스 존Goldilocks zone에 위치해 있다. 액체상태의 물은 복합적인 탄소기반의 생명체가 살아가는 데 반드시 필요하다. 지구는 태양계에서 유일하게 표면에 전체 질량의 약 0.02퍼센트에 해당하는 액체상태의 물이 있는 행성이다. 우리 지구는 얼지 않은, 흐르는 물을 유지하는 동시에 태양으로부터 멀리 떨어져 있어 물이 증발해 없어지지도 않는다. 더군다나 기술문명사회에는 건조한 육지도 필요하기 때문에 지구가 완전히 물로 덮이지 않은 것 또한 다행스러운 일이다.

그리고 살아남은 미행성의 운명

원시미행성 대부분은 태양계 형성과정에서 살아남지 못했다. 그들은 행성이 만들어지는 데 쓰이거나 거대 행성, 특히 목성의 중력에 교란되어 태양으로 곤두박질치거나 태양계 밖으로 완전히 튕겨져 나갔다. 그럼에도 태양계의 탄생과정을 지켜본 이들 가운데 극히 일부는 살아남았다. 내태양계에는 일부 암석질 미행성이 소행성대에 남았고, 외태양계에는 얼음으로 된 일부 미행성이 카이퍼 벨트에 머물러 있다. 그리고 해왕성은 중력으로 이들 중 일부를 산란원반 지역으로 걷어찼다. 카이퍼 벨트 지역 안쪽의 목성과 해왕성 궤도 사이에서 만들어진 이 얼음 천체들 대부분은 천왕성과 해왕성의 상호작용으로 궤도장반경과 근일점, 궤도경사각이 늘어났으며, 마침내 밖으로 튕겨져 날아가 거대한 오르트구름의 일부가 됐다.

우리가 지금까지 나눈 태양계 형성에 관한 이야기를 보면 근지구천체를 이루는 소행성과 혜성을 연구해야 하는 분명한 과학적 이유가 있다는 사실을 알 수 있다. 일반적으로 소행성은 내태양계 행성들이 만들어진 뒤에 살아남은 부스러기들이며, 혜성은 외태양계 행성들이 형성된 뒤에 남은 화석이다. 이렇듯 소행성과 혜성은 원시성을 유지하고 있으며, 태양계 형성 이후 가장 변화를 덜 겪은 잔해일 것이다. 46억 년 전 행성들이 태어나던 당시의 화학조성과 열적 환경을 알아보려면 소행성과 혜성 시료에 대한 심도 있는 연구가 반드시 필요하다. 우리가 발견하고 이름 붙인 근지구천체들을 지상과 우주의 관측시설을 이용해 연구하는 것은 아주 어려운 일만은 아니다. 이들은 그 물리적 특성과 화학적 · 광물학적 성분, 나이, 일부 천체들이 겪은 강렬한 열적변화를 깊이 있게 연구하기 위해서 그 표면 시료를 채취해 지구로 가져와야 하는 천체들이다.

현대 성운모형의 옥에 티

현대 성운모형은 매력적인 단순함과 논리를 갖고 있다. 암석으로 된 수성, 금성, 지구, 화성, 즉 내태양계 행성들은 형성되기 전에 원시행성의 먼지와 가스 대부분이 이미 내태양계 밖으로 날아가버렸기 때문에 상대적으로 작을 수밖에 없다. 반면 목성과 토성, 천왕성과 해왕성은 수증기가 달라붙어 얼음결정으로 응결되는 설선 너머에 있었기 때문에 거대한 가스 행성(목성과 토성)과 얼음 행성(천왕성과 해왕성)이 됐다. 목성이 폭풍성장하는 바람에 화성과 목성 사이에서는 행성들이 태어나지 못했다. 목성이 얼마나 강력했는지는, 그곳에 소행성들밖에 남은 게 없는 것만 봐도 알 수 있다. 해왕성 바깥에 있던 원시행성계 성운은 태양에서 멀어지면서 밀도가 줄어들었고, 그래서 카이퍼 벨트와 오르트구름으로 내동댕이쳐진 혜성들은 크기가 훨씬 작을 수밖에 없었으리라.

태양계의 기원을 설명하는 성운모형이 매력적인 것은 분명하지만, 안타

깝게도 몇 가지 옥에 티가 있다. 아래에 그 중 네 가지를 정리했다.

1. 성운모형은 천왕성과 해왕성이 현재 위치(즉 태양으로부터 각각 19AU, 30AU 거리)에서 만들어졌을 경우 지금 우리가 알고 있는 두 행성의 질량을 설명할 수 없다.
2. 현재 모형대로라면 카이퍼 벨트에 지구 질량의 10배가 넘는 물질이 있고, 명왕성이나 그와 크기가 비슷한 카이퍼 벨트 천체인 에리스Eris 정도의 천체들이 있어야 하는데, 지금 그곳에는 다 합쳐도 지구 질량의 10분의 1보다 적은 물질만 존재한다.
3. 현재 성운모형은 실제로 우리 태양계에 존재하는 것보다 질량이 훨씬 작은, 혜성들로 이루어진 오르트구름 같은 게 있을 거라고 본다.
4. 우리 태양계 밖에 있는 외계 행성계들에 대한 최근 관측사실을 살펴보면 내행성계에는 작은 암석 천체들이 있고, 설선 너머에는 얼음과 가스로 이루어진 거대 행성이 존재한다는 패턴을 똑같이 따르지 않는다.

다음 장에서는 거대 외행성들과 카이퍼 벨트가 현재 위치에서 만들어진 것이 아니라는 주목할 만한 이론을 제시해 '옥에 티'를 제거한 니스모형에 대해 알아본다.

3장

행성이주가 만들어낸 근지구천체

소행성과 혜성은 태양계가 만들어진 뒤 남은 부스러기다.

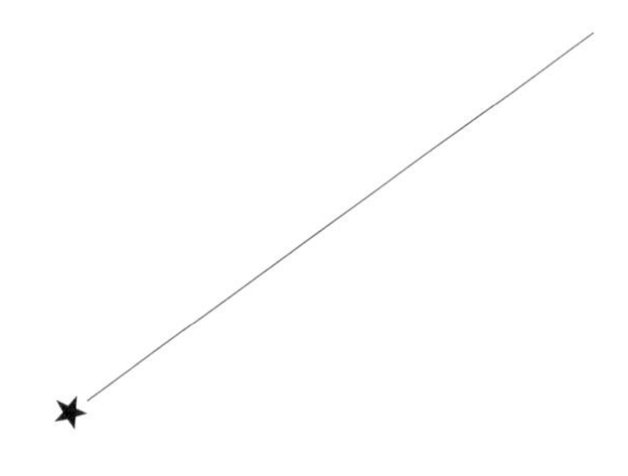

이동하는 행성들

자연계에는 여러 물리량들이 보존된다. 특히 태양계 천체들의 궤도에너지가 그 좋은 예다. 우주 공간에서 두 천체가 만나고, 그 중 하나가 에너지를 얻으면 다른 하나는 똑같은 양의 에너지를 잃는다. 예컨대 1979년 보이저 1호가 목성 근처를 지날 때 이 우주선은 궤도에너지가 급증했지만, 목성은 에너지가 감소했다. 물론 목성의 질량을 보이저 1호와 비교하면 2조에 1조를 한 번 더 곱한 만큼 크기 때문에 목성은 달리는 화물트럭에 파리가 다가간 것보다 훨씬 미약한 중력을 경험했다. 하지만 수백만 개의 미행성들이 훨씬 무거운 행성들과 가까운 거리를 두고 스쳐 지나갔던 태양계 초기에 에너지 보존은 중요한 역할을 했다.

미행성의 궤도에너지는 그 궤도장반경에 비례한다. 궤도에너지를 얻은 천체는 그에 비례해 장반경이 늘어난다. 태양을 공전하는 미행성은 가끔 거대 행성을 스쳐 지나가는데, 이때 미행성은 궤도에너지를 얻거나 잃고

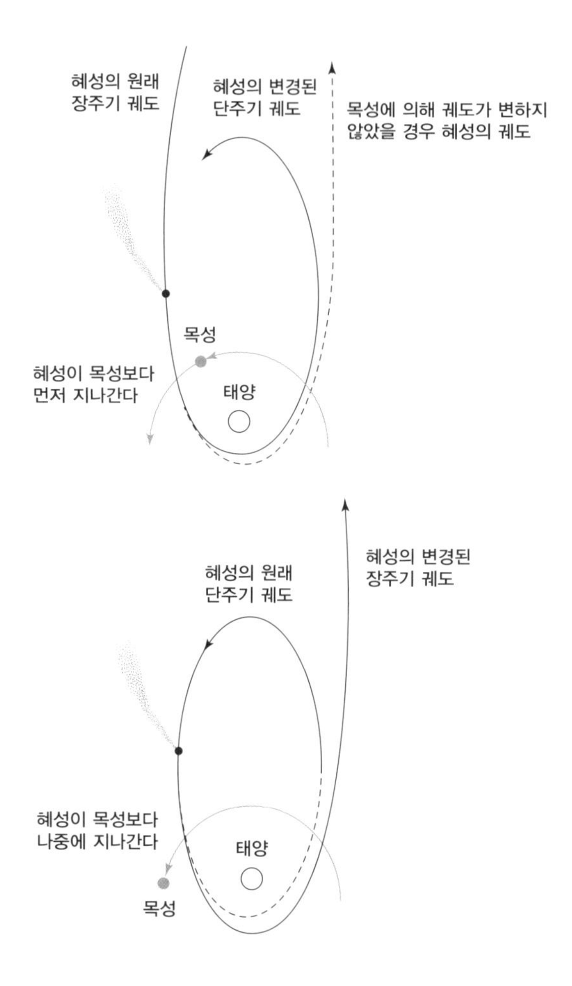

그림 3.1 소행성이나 혜성이 행성 부근을 통과할 때 행성보다 먼저 지나가 궤도에너지를 잃거나(공전주기 감소) 행성이 통과한 뒤에 지나가 궤도에너지를 얻어(공전주기 증가) 궤도가 바뀐다. 예를 들어 첫 번째 그림에서는 혜성이 목성보다 먼저 지나면서 궤도에너지를 잃고 목성에 접근하기 이전보다 주기가 짧아진 궤도를 돌게 된다. 두 번째 그림에서는 혜성이 목성보다 나중에 지나면서 궤도에너지를 얻고 그 결과 주기가 길어진 궤도를 돌게 된다. 우주임무를 설계하는 엔지니어들은 우주로 탐사선을 보낼 때 종종 이러한 중력효과를 이용해 로켓연료를 절약한다.

그 결과 궤도장반경이 늘거나 줄어든다. 그림 3.1에서 보는 것처럼 혜성이 거대 행성보다 나중에 지나가면 행성이 잃는 에너지만큼 혜성의 궤도에너지와 궤도장반경은 늘어난다. 마찬가지로 혜성이 행성보다 먼저 지나가면 혜성의 궤도에너지와 궤도장반경은 줄어들지만 거대 행성은 그만큼 에너지를 얻는다. 하지만 행성은 혜성보다 훨씬 무겁기 때문에 한 번 만날 때 일어나는 궤도장반경의 변화는 무시해도 좋다. 그러나 이러한 일이 수억 년 지속된다면 작은 변화가 축적되면서 행성의 궤도장반경을 바꿀 수 있다.

1984년 우루과이 천문학자 훌리오 페르난데즈와 대만 출신 동료 과학자 윙 입은 태양계 형성과정 중에 일어나는 행성이주planetary migration 개념을 처음으로 제안했다. 당시 이 논문은 크게 주목받지 못했지만 나중에 중대한 성과로 평가된다. 11년 뒤 미국 애리조나 주의 과학자 레누 말호트라는 행성이주 개념을 이용해 명왕성이 왜 비정상적으로 큰 궤도이심률(0.25)과 궤도경사각(17도)을 갖게 됐는지 설명했다. 최근에는 행성이주 개념이 2장에서 요약한 성운모형에서 나타나는 많은 문제들을 제거해 태양계 형성의 핵심이론으로 자리 잡았다. 물론 한두 가지 옥에 티는 남았지만 말이다.

태양계 형성 초기에 행성이주는 불가피했던 것 같다. 원시행성들은 오르트구름에 있던 미행성들을 교란하는 동시에 그 반작용으로 원래 궤도에서 이탈했다. 거대 행성들은 자신의 궤도 부근에서 원에 가까운 궤도를 도는 작은 천체들을 역학적으로 자극하는데, 안팎으로 비슷한 수의 미행성에 영향을 주기 때문에 거대 행성들의 궤도반시름은 달라지지 않는다. 그런 반면 미행성들이 태양계에서 계속해서 겪는 사건과 그 최후는 이와 같지 않다.

태양계가 형성되는 동안 목성과 해왕성의 운명은 어땠을까? 두 행성 모두 주변에 있는 얼음 미행성들이 중력으로 결합해 만들어졌다. 목성과 해왕성이 태어난 뒤 이 두 행성과 해왕성 바깥쪽에 남은 미행성들로 이루어진 벨트는 원에 가까운 궤도로 태양을 공전했다. 해왕성과 벨트에 있는 미행성들 사이에 수시로 일어나는 중력 상호작용으로 더 많은 미행성들이 해왕성으로 끌려갔다. 그렇지만 그 대부분은 해왕성의 중력 때문에 다시 사방팔방으로 흩어졌다.

처음에 해왕성은 태양 쪽과 그 반대방향으로 거의 같은 수의 미행성들을 흩뿌렸다. 이때 바깥쪽으로 튕겨 나간 얼음 천체 대부분은 오르트구름의 일부가 되거나 해왕성 궤도 근처로 되돌아왔다. 해왕성은 얼음 천체들을 태양계 밖으로 완전히 몰아내기에는 힘이 부쳤다.

해왕성이 안쪽으로 흩뿌린 미행성들은 천왕성에 이어 토성과 목성의 영향을 받았다. 해왕성은 목성보다 20배쯤 가볍기 때문에 일종의 윔프wimp* 행성이라고 할 수 있다. 목성에 비하면 윔프 행성이나 마찬가지인 토성과 천왕성도 안팎으로 미행성들을 뿌렸다. 태양계 밖으로 완전히 탈출한 미행성은 드물었던 반면 안쪽으로 던져진 미행성이 목성의 영향권에 도달했다가 태양계 밖으로 탈출하는 데에는 문제가 없었다.

이 당구게임의 결말은 이렇다. 목성은 해왕성이 그 안쪽으로 내던진 힘없는 미행성들을 태양계 안쪽에서 효과적으로 제거했고, 이들이 해왕성과 다시 만날 때에는 궤도에너지가 해왕성보다 컸다. 그 결과 그 다음에 일어난 산란사건scattering events은 해왕성의 궤도에너지와 궤도장반경을 늘리는 방향으로 진행됐다. 정도는 덜하지만 토성과 천왕성의 궤도장반경도 늘어났다. 하지만 강자의 위치에서 군림하던 목성은 미행성들을 태양계 밖으

* 윔프란 약한 상호작용을 하는 암흑물질의 유력한 후보로 생각되는 소립자를 말하며, 여기서는 그만큼 상호작용이 약하다는 비유적 의미로 쓰였다.

로 완전히 몰아내느라 궤도에너지를 소비했기 때문에 궤도가 약간 줄었다.

니스모형이 보여준 태양계 형성

원시태양계 성운에서 얼음과 먼지입자들이 뭉쳐 수없이 많은 미행성들이 되었다. 그 다음에 이들은 행성이 만들어지는 데 쓰이거나 태양계에서 완전히 축출되거나 태양과 충돌했다. 상대적으로 생존율은 낮았지만, 끝까지 살아남은 수백만 개의 미행성은 오늘날 우리가 보는 태양계를 이루는 데 큰 역할을 했다.

네 명의 천문학자가 만든 니스모형은 그 대부분의 과정을 잘 설명해준다. 니스모형은 알레산드로 모비델리, 할 레비슨, 클레오메니스 치가니스, 로드니 고메스, 이렇게 네 사람이 완성했다. 이들은 지중해가 내려다보이는 프렌치 리비에라의 니스에서 참고 견디며 연구에 몰입했다.

이들은 수천 개 시험입자(또는 모의 미행성)에 초기위치와 초기속도를 주고, 모의 행성들과 중력 상호작용을 하게 한 뒤 수백만 년이 넘는 모의 실험기간 동안 어떤 일이 일어나는지 알아보는 컴퓨터 모의실험을 진행했다. 이 모의실험의 목표는 서로 중력의 영향을 미치는 미행성들의 초기질량과 초기위치, 그리고 원시행성들의 초기위치를 계속 조정해가면서 현재 태양계의 모습과 꼭 닮은 태양계 모형을 만드는 것이다.

이는 노동집약적인 작업이기는 하지만, 대부분의 일은 컴퓨터가 했다. 그동안 네 사람은 지중해의 풍광을 즐기거나 다음에 할 컴퓨터 시뮬레이션을 구상하기도 했다. 하지만 그건 사실이 아닐지도 모른다. 이 분야에서 일하는 우리 과학자들은 연구실과 칸막이 속에서 그처럼 멋진 경치를 볼 수 없기 때문에 아주 조금은 시기심을 느낀다.

수성, 금성, 지구, 화성, 목성, 토성은 46억 년 전 거의 같은 시기에 만들어졌을 거라 생각된다. 천왕성과 해왕성은 시간이 더 걸려서 그로부터 수억 년 뒤에야 비로소 모습을 갖췄다. 니스모형은 주요 행성major planet* 은 이미 만들어졌고, 태양 주위를 회전하던 원시태양계 성운도 태양계 밖으로 날아가버렸다고 가정한다. 그래서 태양계에는 태양과 행성들, 그리고 작은 미행성들로 이루어진 잔해원반debris disk만 남았다고 가정하고 시작한다.

니스모형에서 나온 여러 시나리오 가운데 성공적인 결과를 보여준 모형 중 하나는 목성, 토성, 천왕성, 해왕성이 태양으로부터 각각 5.45AU, 8.18AU, 11.5AU, 14.2AU 거리의 같은 평면에 놓인 원궤도에서 탄생했다는 것에서부터 시작한다. 현재 이 행성들의 태양 중심거리는 각각 5.2AU, 9.5AU, 19.2AU, 30.1AU다. 니스모형에서 전체 질량이 지구의 35배인 미행성 밀집지역은 초기에 8개 행성들이 분포했던 지역 너머, 즉 해왕성 궤도 바로 바깥인 태양으로부터 15.5AU에서 34AU 사이에 걸쳐 있는 납작한 도너츠 모양을 하고 있었다.

처음에는 목성, 토성, 천왕성, 해왕성, 이 네 개의 행성들이 태양을 느리게 공전하며 자신과 가장 가까운 거리에 있는 거대 행성의 중력과 상호작용하면서 자기 주변에 흩뿌려진 미행성들을 더 바깥쪽으로 내던졌다. 이러한 이주과정은 천천히 진행됐다. 이 과정에서 목성은 태양 쪽으로 조금 움직였지만 나머지 세 개의 행성, 그 중에서 특히 해왕성은 나선모양을 그리며 그 반대방향으로 나갔다.

* 태양을 공전하는 8개 행성을 가리킨다.

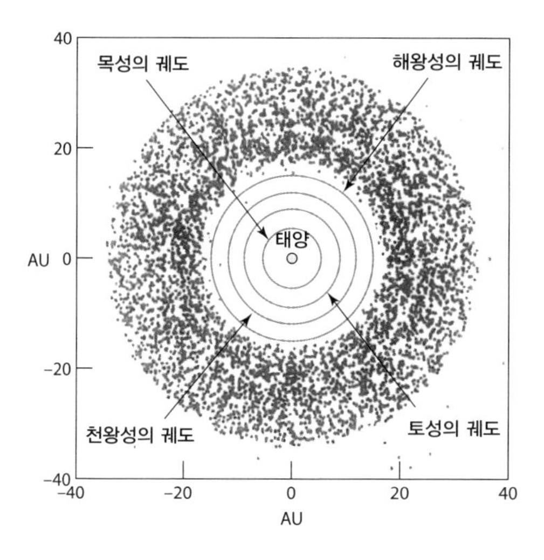

그림 3.2 태양계의 기원을 설명하는 니스모형 가운데 하나는 목성, 토성, 천왕성, 해왕성이 과거 태양으로부터 각각 5.45AU, 8.18AU, 11.5AU, 14.2AU만큼 떨어진, 원에 가까운 궤도를 공전했다는 가정에서 시작한다. 이 모형은 해왕성 궤도 밖 15.5AU에서부터 34AU 사이에 초기 미행성 밀집지역이 있었다고 가정한다. 수억 년에 걸쳐 일어난 행성들 사이의 상호작용과 행성과 미행성들 사이의 상호작용으로 목성은 태양 쪽으로 약간 이동해 현재 궤도에, 나머지 토성, 천왕성, 해왕성은 바깥으로 움직여 현재 궤도에 이르렀다. 이와 같은 행성이주 과정에서 원래 미행성들의 99퍼센트가 초기 궤도에서 바깥쪽으로 흩어졌다.

그 다음 니스모형은 이 질서정연한 행성이주 과정을 극적으로 방해하는 사건을 만들어낸다. 문제의 사건은 행성이주가 시작되고 수억 년 뒤 토성이 일심거리* 8.65AU에 이르러 공전주기가 25.4년일 때 일어났을 가능성이 있다. 그리고 태양으로부터 5.45AU 떨어진 궤도를 공전하던 목성이 토성의 딱 절반에 해당하는 공전주기를 갖게 되면서 목성이 두 번 공전할 때마다 이 두 행성은 일직선상에 놓이게 된다. 그 결과 이 두 행성은 25.4년마다 서로를 잡아당겨 궤도이심률이 현재와 비슷한 값으로 늘어났고, 그

* 태양 중심으로부터의 거리다.

공전주기는 2:1의 비율을 이루게 됐다.

과학자들은 이를 가리켜 토성과 목성이 2:1 평균운동공명*에 들어갔다고 말한다. 천왕성과 해왕성의 궤도이심률 역시 목성과 토성의 중력 때문에 늘어났다.

태양계 초기에는 행성들의 궤도가 모여 있었고, 이후 궤도이심률이 커지면서 이제는 행성들의 궤도가 접근하는 것은 물론 서로 교차하는 일이 가능해졌다. 그 결과 태양계 천체들은 무질서한 카오스적 변화를 겪게 됐다.

이러한 행성이주와 무질서운동chaotic motions으로 거대한 얼음 행성인 천왕성과 해왕성의 궤도는 계속 커졌고, 결국 해왕성 궤도 너머에 분포하던 미행성원반과 맞닥뜨리게 됐다. 이후 더 많은 미행성들이 토성과 목성으로 향하면서 천왕성과 해왕성에 의한 산란현상이 극적으로 늘어났다. 그에 따라 행성이주가 활발해졌고 미행성원반 대부분이 고갈될 때까지 멈추지 않았다. 해왕성 궤도는 태양으로부터 30AU 거리에 이를 때까지 바깥으로 확장되다가 원래의 미행성원반이 끝나는 곳에서 멈췄다. 이제 밖으로 내보낼 천체가 없는 해왕성은 더 이상 바깥쪽으로 움직일 수 없었다.

우리는 니스모형이 이처럼 가속화된 행성이주 과정을 통해 오늘날 태양계 궤도분포에 나타나는 몇 가지 특성을 잘 재현해낸다는 사실을 알아냈다. 이 모형에 따르면 거대 행성들은 지금보다 태양과 더 가까운 지역에서 태어났기 때문에 미행성들의 밀도가 높은 지역에서 거대하게 만들어질 수 있었다. 니스모형 가운데 초기 미행성원반의 질량이 지구 질량의 35배일 경우 당시 거대 행성들이 움직인 속도와 거리가 이들의 현재 태양계 내에

* 궤도공명이라고도 하며, 공전하는 천체들이 서로 주기적으로 중력을 미쳐 공전주기가 정수비를 이루는 현상을 말한다.

서의 위치를 잘 설명하고 있다. 게다가 니스모형은 거대 행성들의 궤도가 같은 궤도평면상의 원궤도로부터 벗어나게 된 것도 쉽게 설명해준다.[1]

니스모형에 따르면 목성 궤도상에 있는 트로이 소행성군이라 불리는 천체들은 궤도경사각이 비교적 커서 최대 40도까지 기울어진 궤도에서 형성됐는데, 이는 현재 관측되는 트로이 소행성군과 잘 일치한다. 그리스 진영과 트로이 진영으로 이루어진 트로이 소행성군은 목성과 평균 60도만큼 떨어져 목성을 앞서거나 뒤따르는 궤도를 돈다. 따라서 이 소행성들은 목성에 접근하지 않고, 태양을 중심으로 목성과 같은 거리를 유지하면서 편대비행을 한다. 토성과 목성이 2:1 궤도공명에 들어간 결과 산란된 미행성들은 무질서한 상태가 되어 그 궤도경사각이 커졌는데, 이 불안정한 시기가 끝난 뒤 일부 천체들이 트로이 궤도에 갇혀버렸다. 한편 전통적인 성운설에서 트로이 소행성군은 궤도경사각이 훨씬 작은 궤도에서 만들어졌다고 본다.

미행성원반의 질량이 지구 질량의 35배일 경우 트로이 소행성군의 행성이주 속도가 정확하게 맞아떨어지며, 니스모형에서 추정하는 트로이 소행성군의 총질량 역시 현재의 총질량과 비슷한 지구 질량의 0.000013배에 해당한다. 이 천체들은 보통 트로이 소행성군이라고 불리지만, 실제로는 활동을 멈춘 얼음 천체들일 가능성이 크다.[2]

2:1 궤도공명으로 나타난 미행성들의 무질서운동은 트로이 소행성군과 마찬가지로 불규칙한 궤도 특성을 갖는 거대 행성들의 위성들이 어떻게 존재하게 됐는지 답을 줄 수 있다. 이 위성들은 모행성에서 멀리 떨어졌거나 궤도경사가 심하거나 심지어 역행운동을 하기도 한다. 거대 행성들은 2:1 궤도공명에 의한 궤도 불안정이 수그러든 뒤 불규칙한 궤도를 갖게 된 외

곽 위성들을 붙잡아두게 됐다.

니스모형은 태양으로부터 35AU에서 50AU에 걸친 카이퍼 벨트 천체들을 자연스럽게 재현해냈다. 미행성원반 질량의 99퍼센트는 행성이주 과정 중에 흩어졌지만, 그 상당수가 해왕성의 현재 공전궤도 바깥에 남아 카이퍼 벨트에 퍼져 있다. 한때 미행성원반은 지금보다 100배 이상 무거웠고 태양과 가까웠으므로 명왕성과 에리스, 마케마케Makemake처럼 상당히 무거운 카이퍼 벨트 천체들이 존재하는 것도 이해할 만하다.

지금 카이퍼 벨트 외곽에 있는 산란원반 천체들도 미행성들이 흩뿌려진

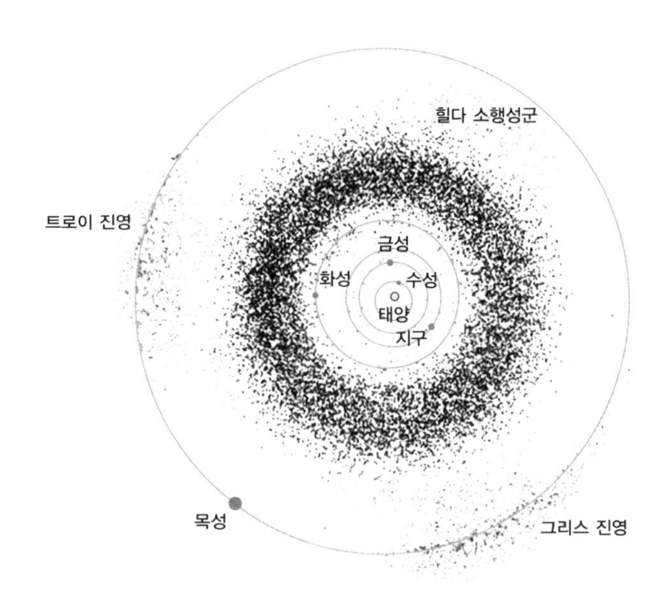

그림 3.3 그림은 화성과 목성 사이에 있는 트로이 소행성군과 힐다 소행성군을 보여준다. 트로이 소행성군은 목성과 평균 60도를 이루며 앞서거나(그리스 진영) 뒤따르고(트로이 진영), 힐다 소행성군은 공전주기가 목성의 3분의 2에 해당한다. 힐다 소행성군은 원일점에 있을 때 목성에서 보면 태양 반대쪽에 있거나, 트로이 소행성군 근처에 있어도 그 궤도 안쪽에 분포하므로 트로이 소행성들과 마찬가지로 목성 중력에 의한 강한 교란을 피해간다.

역학적 과정의 결과로 볼 수 있다. 물이나 메탄 같은 얼어붙은 휘발성 물질을 함유한 이 천체들은 해왕성으로 인해 바깥쪽으로 내던져졌으며, 근일점은 카이퍼 벨트 안쪽 끝 부근에 있지만 원일점은 300AU보다 멀어질 수 있다. 산란원반 천체는 여전히 해왕성에 의해 교란될 수 있기 때문에 궤도가 불안정하며, 센타우루스 천체나 단주기혜성의 고향이 될지도 모른다.

해왕성은 산란원반을 교란시켜 이곳에 속한 천체들을 목성과 해왕성 궤도 사이로 보내는데, 이를 센타우루스 천체라고 한다.[3] 센타우루스 천체는 이후 행성들의 중력에 이끌려 태양 방향이나 목성 주변으로 진입하며, 목성은 이들을 태양계 밖으로 던져버리거나 태양계 안쪽으로 밀어넣는다. 안쪽으로 들어온 천체는 얼음이 증발되면서 가스와 먼지가 방출돼 얼음 천체에서 활발한 혜성(활동성 혜성)으로 변한다.

혜성 핵들이 구 형태로 모인 오르트구름은 1,000AU에서 시작해 태양계 최외곽인 10만 AU 사이에 분포한다. 토성과 해왕성이 미행성들을 밖으로 몰아낸 것은 행성이주의 자연스러운 부산물이지만, 미행성들이 태양계를 완전히 벗어날 만큼 충분한 에너지를 얻는 일은 좀처럼 일어나지 않는다. 이들이 오르트구름에 있을 때는 지나가는 별들이나 우리은하 평면의 조석효과로 섭동*을 경험할 수 있다. 오르트구름은 약하게 결속되어 있기 때문에 쉽게 교란되며, 그 일부는 어쩌다 태양계 안쪽으로 들어와 맨눈으로도 볼 수 있는 장주기혜성이 되기도 한다.

오르트구름은 지구 질량의 4배에서 최대 80배에 달하는 물질이 4,000억 개의 혜성으로 분포하는 것이라고 생각된다. 하지만 니스모형은 지구의 두 배도 안 되는 질량밖에는 재현하지 못했다. 태양계의 현재 모습을 성공적

* 한 천체의 궤도가 다른 천체의 중력에 의해 교란되는 현상을 말한다.

으로 예측하는 니스모형이 오르트구름의 질량에 관해서는 실수를 한 것 같다. 모형이 부분적으로 정밀하지 못하거나 태양계가 성단*에서 형성되던 당시 오르트구름에 속한 일부 혜성들이 주변 별에 붙들렸기 때문일 수도 있다.[4]

39억 년 전 미행성들이 달과 지구에 소나기 퍼붓듯 쏟아졌던 후기 대충돌 또한 목성과 토성이 2:1 궤도공명에 진입하면서 일어난 역학적 불안정이 원인이었을 거라 생각된다. 궤도공명에 의한 무질서운동은 거대 행성들을 교란시켰고, 해왕성을 밀어내 미행성원반과 충돌시켰다. 그 반작용으로 대부분의 미행성들이 내태양계로 밀려들어왔는데, 거기서 태양에 곤두박질치거나 목성에 의해 태양계 밖으로 던져지거나 다시 미행성원반 쪽으로 내달리다 그 안쪽의 행성들과 충돌했으리라. 지구도 달도 외태양계 얼음 천체들의 범람을 피해가지는 못했을 것이다.

목성과 인접해 있던 소행성대 외곽 천체들도 무질서운동 때문에 궤도가 큰 폭으로 변했을 것으로 보인다. 당시 2:1 궤도공명지역은 소행성대 외곽으로 밀고 들어와 지구와 달이 후기 대충돌의 대가를 치르는 데 한몫 했을 것이다.

지구에 남은 오래된 운석구덩이들은 지각판의 이동뿐 아니라 바람과 물에 의한 침식으로 사라졌지만, 달의 충돌기록은 지금까지 살아남아 연구에 쓰이고 있다. 달에는 지름이 300킬로미터보다 큰 운석구덩이가 40개가 넘고, 이들은 38억 년보다 더 오래됐다고 추정된다. 연대 측정을 하기에 알맞은 곳은 대형 분지지역 중 각각 38억 5,000만 년과 38억 2,000만 년이 된 비의 바다와 동쪽의 바다다. 연대를 측정한 결과 분명한 것은 대체로 39억

---

* 은하보다 작은, 수백에서 수십만 개 별로 이루어진 별들의 집단이다.

년 전 이후 충돌이 극적으로 줄어들었다는 점이다.[5]

천문학자들은 최근 수백 개 외계 행성계의 중심별들이 미세하게 떠는 현상을 관측해 그 진동의 주기와 진폭을 알아냈다. 그리고 이러한 간접적인 방법을 통해 그 주변을 도는 행성들의 질량과 중심별과의 거리를 계산했다. 이들 행성계에는 모항성에 바싹 붙어 공전하는 거대 행성들이 많은데, 이같은 관측사실은 기존의 태양계 형성 모형에 위배된다. 거대 행성들이 폭풍성장하는 이유가 이들이 얼음입자가 형성되어 서로 달라붙는 설선 밖에서 태어났기 때문이라는 예측과 정면으로 배치되기 때문이다. 하지만 모항성에 바싹 붙어서 도는 '뜨거운 목성들hot Jupiters'*이 설선에서 한참 멀리 떨어진 곳에서 태어난 뒤 현재의 위치로 이동했을 수도 있다. 그런데 이 행성들은 모항성에 가까워 그 주기적인 진동을 우리가 쉽게 검출할 수 있으며, 쉽게 발견된다는 점을 반드시 감안해야 한다. 결국 중심별에 가까운 큰 행성들이 쉽게 발견될 수밖에 없다.

현재 외계 행성을 찾는 방법은 점점 정교해지고 있다. 지구보다 10배 무겁고 액체상태의 물이 있어 생명을 잉태할 수 있는, 골디락스 존에 있을 가능성이 높은 '슈퍼 지구super Earths'가 여러 개 발견됐다. 최근 천문학자들은 태양과 비슷한 별들 가운데 일부는 지구만 한 행성들이 공전할 것으로 생각한다. 우리은하에 있는 태양처럼 안정적인 별들 가운데 1퍼센트만이 서식가능지역에 지구 같은 행성을 갖고 있다고 해도, 1,000억 개의 별들 중에 생명이 살 수 있는 행성은 엄청나게 많을 것이다. 게다가 저 밖에는 수천억 개의 은하들이 펼쳐져 있지 않은가.

* 중심별에 바싹 붙어 공전하는 거대 행성을 가리키는 표현이다.

니스모형이 보여준 근지구천체 형성

근지구천체 대다수는 화성과 목성 궤도 사이에 있는 소행성대에서 태어난 활동성 없는 소행성들이다. 이 가운데 극히 일부인 1퍼센트만이 거대 행성들에 의해 안쪽으로 뿌려진 뒤 지구 근방으로 유입된 활동성 단주기혜성들이다.

니스모형에 따르면 목성과 이웃하고 있는 현재 소행성대 외곽 천체들은 태양계 형성 초기에 무질서운동의 영향을 경험한 반면 그 원시성을 유지하고 있다. 이 소행성들 대부분은 태양계 초기의 탄소기반 물질들을 함유한 '석탄천체coal object'들보다 더 검다. 일부는 그 표면과 표면 아래에 결합수*나 수산화OH기를 함유한 수화 광물질 또는 얼음을 포함하고 있을 가능성이 있다.

아직 관측적인 증거는 충분하지 않지만, 니스모형에 따르면 목성과 가까운 소행성대 외곽 소행성들과 트로이 소행성군, 센타우루스 천체, 카이퍼벨트 천체들은 그 성분이 비슷하리라 예상된다. 이러한 검은 외곽 천체 중 일부가 내태양계로 들어온다면 태양의 열기로 얼음이라는 얼음은 모두 활성화될 것이다. 얼어붙은 미행성이 활성화되면 혜성이고 활성화되지 않으면 소행성이므로 이들은 결과적으로 혜성이라고 불리게 될 것이다. 그래서 혜성과 일부 소행성은 뚜렷하게 구분하기 어렵다.

근지구소행성 대부분은 큰 소행성들이 소행성대 안쪽에서 참사에 가까운 충돌을 겪으면서 부서진 것이다. 니스모형에 따르면 이 소행성대 안쪽 소행성들은 태양계 외곽에서 일어난 무질서운동과는 관계가 없다. 이들 대

* 일반적인 물은 자유수, 암석 안에 포함되어 광물 분자들과 결합된 물은 결합수라고 한다.

다수는 이후 태양과 가까운 곳에서 일생을 보내기 때문에 대부분은 얼음이 없을 거라고 생각된다. 그러나 소행성대 외곽에서 소행성대 안쪽으로 이동한 것으로 보이는 표면이 검은 천체들도 있다. 이들은 광물에 물이 섞여 있거나 지하 깊은 곳에 얼음이 묻혀 있을지도 모른다.

과학자들은 질서와 원리를 찾아 헤매지만 자연은 안간힘을 써 그런 노력을 방해하는 것 같다. 천문학자들은 망원경을 통해 가시광과 근적외선 영역에서 반사 스펙트럼을 얻고 이를 바탕으로 소행성들을 분류하고 다시 하위분류를 시도한다. 그러나 자연은 순순히 알려주지 않는다. 천문학자들은 스펙트럼 특성을 바탕으로 비교적 밝은 S형(감람석과 휘석이 함유된 규산염암)과 훨씬 어두운 C형(대체로 물이 포함된 탄소기반 광물), M형(금속이 함유된 경우도 있고, 그렇지 않은 경우도 있음)과 어두운 D형(기체가 모두 소진된 혜성이었을 가능성이 큼)과 같이 소행성들을 분류했다. 또 이들은 천체를 구성하는 광물성분에 대한 단서를 알려줄 또 다른 소행성 분류와 하위분류법을 이해하기 어려운 영문 알파벳으로 표현하고 있다.

그렇지만 특정 소행성의 성분을 알아내 자연의 숨은 비밀을 밝히는 유일하고 확실한 방법은 그곳으로 우주선을 보내고 채취한 시료를 지구로 가져와 실험실에 있는 다양한 장비를 이용해 분석하는 것이다.

근지구천체는 어디에서 와 어디로 가는가

활동성 단주기혜성은 근지구천체에 속하지만 태어난 곳과 운명은 근지구천체 대다수를 이루는 소행성의 생성소멸 과정과 전혀 다르다.

장주기혜성은 지나가는 별이나 우리은하와 같은 평면에 있는 거대한 성단의 섭동을 받아 오르트구름에서 출발해 내태양계에 도달한다. 그들은 수백만 년이라는 긴 시간을 여행하면서 포물선에 가까운 궤도를 그린다. 반면 단주기혜성 대부분은 거대 행성들에 의해 교란돼 카이퍼 벨트나 산란원반 지역을 탈출한 뒤 태양계 안쪽으로 진입해 목성 영향권에 들어오는데, 이후부터는 목성이 그 운동을 통제한다. 대부분의 혜성은 불안정한 궤도에 있으며, 행성 또는 태양과 충돌하거나 거대 행성에 의해 태양계 외곽으로 방출된다. 이처럼 역동적인 혜성의 일생은 100만 년에 불과하다.

혜성은 소행성보다 훨씬 부서지기 쉽다. 실제로 혜성들이 산산조각 난 뒤 먼지구름으로 흩어지는 모습이 여러 차례 목격됐다. 활동성 혜성들은 내태양계에 머무는 동안 가지고 있던 얼음을 모두 소진해버리거나 비활성의 지각물질을 덮어 얼음에 태양열이 미치지 못하도록 차단할 수 있다. 그 결과 활동성 혜성은 D형 소행성과 구분하기 어려운 비활동성(또는 휴면상태) 얼음 천체가 된다. 근지구소행성의 일부는 이처럼 비활동성 혜성일 것으로 생각된다.

많은 혜성들은 활동적인 기간이 비활동적인 기간보다 훨씬 짧다. 혜성은 충돌하기 전에 그리고 목성에 의해 차가운 태양계 외곽이나 성간공간* 으로 난폭하게 축출되기 훨씬 전에 운명을 다한다. 휘발성 기체가 증발해 말라버리거나 쪼개져 먼지와 가스구름으로 흩어져버리기 때문이다.[6]

근지구소행성 대부분은 태양으로부터 2AU에서 3AU 거리에 위치한 소행성대 안쪽 지역inner asteroid belt에 고향을 두고 있다. 소행성대 안쪽 지역의 특정 위치에 있는 소행성은 시간이 지나면서 목성과 토성의 중력에

* 항성과 항성 사이의 공간을 말한다.

의해 궤도가 바뀌며, 화성 궤도를 가로질러 지구 궤도로 들어오면서 근지구소행성이 될 수 있다. 예를 들어 2.5AU 거리에서 태양을 공전하는 소행성은 목성과 3:1 궤도공명에 놓인다. 즉 목성이 태양을 한 번 공전할 때마다 소행성은 태양을 세 번 공전하고, 12년마다 일직선상에 놓인다. 이렇게 100만 년의 시간이 지나면 목성이 소행성의 궤도이심률을 증폭시켜 소행성은 화성 궤도를 통과하는 궤도에 진입하게 되며, 결국 근지구소행성이 된다. 마찬가지로 화성과 이웃한 2.1AU 근방 소행성대 안쪽 끝 지역에서 원궤도를 도는 소행성은 토성에 의해 누적된 중력영향을 받을 수 있고, 100만 년 후에는 근지구소행성 궤도로 바뀐다. 이후 이 소행성들은 근지구공간에서 평균 수백만 년을 보낸 뒤 최후를 맞는다.

근지구소행성의 최후를 빈도가 높은 순서대로 나열하면 다음과 같다. 1위 태양과 충돌한다. 2위 목성에 의해 태양계 밖으로 방출된다. 3위 행성과 충돌한다. 시간이 흐르면서 더 많은 소행성이 근지구공간으로 유입되거나 행성과 충돌하거나 아니면 태양계 밖으로 배출되므로 소행성과 행성과의 궤도공명지역에는 아무것도 남지 않게 된다.

결국 모든 근지구소행성이 이같은 최후를 맞겠지만, 지금도 엄청나게 많은 천체가 그곳에 있으니 소행성을 궤도공명지역으로 운반해 근지구천체로 만들어내는 원천이 존재하는 것임에 틀림없다. 소행성을 궤도공명지역으로 운반하는 확실한 방법 중 하나가 '태양열의 재방출'인데, 1901년 이를 처음 제시한 러시아 공학사 이반 야르콥스키의 이름을 따 야르콥스키 Yarkovsky 효과라고 부른다.[7]

야르콥스키 효과와 요프 효과

내태양계에서 소행성은 태양으로부터 에너지를 흡수하고 이를 열의 형태로 재방출한다. 만약 소행성이 자전하지 않는다면 태양과 소행성을 잇는 직선을 따라 태양에너지가 입사됐다가 재방출될 것이다. 그러나 모든 소행성은 자전하기 때문에 재방출된 열에너지는 태양과 다른 쪽을 향하고 소행성의 '오후'에 해당하는 지역에서 더 많은 열이 방출된다. 지구에서도 매시간 같은 양의 햇빛을 받더라도 오후 2시가 오전 10시보다 따뜻한 이유 중 하나가 바로 이것이다.

소행성의 오후 지역에서 출발한 적외선 광자는 미는 힘을 가진 미세한 로켓효과를 만들어낸다. 소행성의 공전방향과 같은 순방향 자전인지, 공전방향과 반대인 역방향 자전인지에 따라 소행성은 궤도에너지를 얻거나 잃는다. 바꿔 말하면 소행성은 원래 궤도를 기준으로 바깥이나 안쪽으로 나선 모양의 궤적을 그리며 움직인다.

2000년 데이비드 보크로흘리키가 이끄는 일단의 천문학자들은 6489 골레프카Golevka라는 오랫동안 잘 관측된 500미터급 소행성이 2003년에 다시 가시권에 들어오면 야르콥스키 효과를 확인할 수 있을 거라 예측했다. 2003년 마침내 제트추진연구소Jet Propulsion Laboratory, JPL의 천체역학 전문가 스티브 체슬리와 동료들이 컴퓨터 모의실험에 미약한 야르콥스키 효과를 넣고 나서야 1991~2003년 사이에 실제로 관측됐던 골레프카의 궤도를 성공적으로 재현할 수 있었다. 그 추진력은 미세했지만, 그동안 광학망원경과 레이더 관측을 통해 이 소행성을 충분히 관측했기 때문에 야르콥스키 효과로 생긴 약 15킬로미터의 편차가 확실하게 나타났다. 추후 골레프카의 궤도운동을 예측할 때에는 반드시 이를 고려해야 했다.

스티브 체슬리가 측정한 것은 지름이 미식축구 경기장 다섯 개보다 크고 무게가 2,100억 킬로그램인 천체에 작용하는 약 28그램의 힘이다. 야르콥스키 효과는 보잘 것 없어 보이지만 100만 년 넘게 작용한다면 소행성들이 목성과 토성의 중력에 의해 지구 주변으로 들어갈 수 있는 궤도공명지역에 유입될 수 있다.

소행성의 한쪽 면과 다른 쪽 면을 비교할 때 그 형태나 반사율이 다르다면 한쪽은 더 많은 열을 재방출하게 되고, 그 결과 소행성의 자전속도가 빨라지거나 느려진다. 이 효과는 이반 야르콥스키Yarkovsky와 존 오키프O'Keeffe, V. V. 라드지에브스키Radzievskii, 스티븐 패댁Paddack의 이름을 따서 명명됐다. 하지만 '야르콥스키-오키프-라드지에브스키-패댁'이라는 이름은 부르기 어렵기 때문에 지금은 그 첫머리 글자를 따 요프YORP 효과라고 부른다.[8]

요프 효과는 자체 중력보다 조금 큰 힘으로 결합된, 깨지기 쉬운 돌더미로 이루어진 작은 암석질 소행성에 영향을 준다. 요프 효과의 영향으로 소행성의 적도지역*에서 떨어져나간 물질이 다시 결합해 그 소행성 주위를 도는 위성이 될 정도까지 회전속도가 늘어난다. 심지어 소행성의 자전이 빨라져 두 개로 쪼개지기도 한다. 근지구소행성의 15퍼센트는 쌍을 이루며, 최근 세 쌍으로 된 천체 두 개가 발견됐다. 요즘에는 규모가 작은 근지구소행성의 위성들을 설명할 때 요프 효과를 적용하는 추세다. 한편 소행성대의 규모가 큰 소행성들 사이에 일어날 수 있는 짝소행성 생성 메커니즘은 두 개의 소행성이 충돌한 뒤 파편 두 개가 같은 방향과 속도로 날아가

* 소행성의 자전축에 수직한, 위도가 0인 지역을 가리킨다.

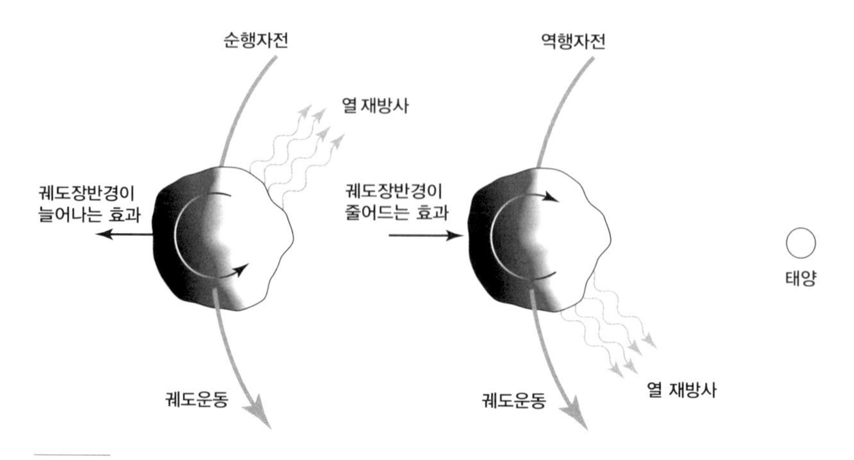

그림 3.4 야르콥스키 효과는 소행성 표면으로 햇빛이 들어갈 때와 다시 나갈 때의 시간지연 때문에 작은 소행성의 장기적인 운동에 영향을 미친다. 소행성은 자전하기 때문에 태양과 다른 방향으로, 작지만 결코 무시할 수 없는 추진력이 생긴다. 이 때문에 소행성이 공전방향과 같은 방향으로 자전할 경우(순행자전) 궤도운동 방향으로, 그 반대방향으로 자전할 경우(역행자전) 궤도운동 반대방향으로 아주 미세한 힘이 작용한다. 그림에서 보는 것처럼 순행자전하는 경우 소행성의 궤도에너지가 증가해 바깥으로 나선궤적을 그리며 공전주기가 늘어나지만, 역행자전하는 경우에는 궤도에너지를 빼앗겨 그 안쪽으로 나선궤적을 그리며 공전주기가 줄어든다.

쌍을 이루는 것이다.

긴 시간이 지나면 요프 효과로 인해 작은 소행성의 자전축이 궤도면에 수직한 방향으로 진화하는데, 이렇게 되면 야르콥스키 효과로 인해 소행성의 궤도장반경이 늘거나 줄기에 딱 좋은 상태가 된다. 소행성대 안쪽 소행성들은 야르콥스키 효과의 영향을 받아 목성과 토성 때문에 궤도이심률이 늘어나는 궤도공명지역으로 들어가고, 근지구천체가 된다. 그러면 이들 궤도는 지구 궤도와 만날 수 있고, 그 중 하나가 지구가 같은 시간에 같은 위치에 있으면 충돌이 일어난다.

태양계 형성 초기에는 지금보다 훨씬 많은 미행성들이 있었고 역학적으

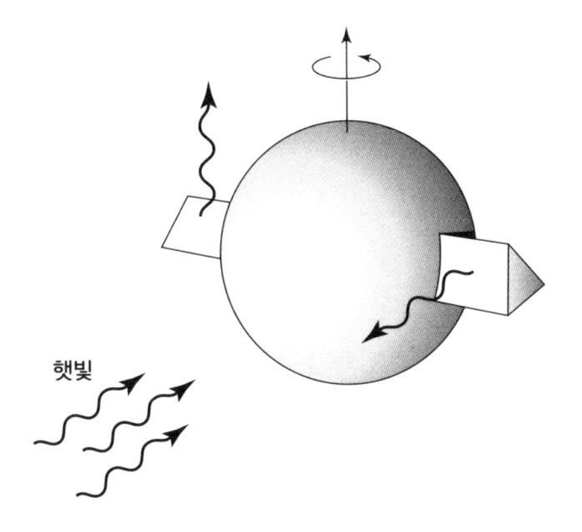

그림 3.5 요프 효과를 보여주는 그림이다. 소행성의 한쪽 면과 다른 쪽 면에서 태양에너지가 불균질하게 재방출된다. 그 결과 우주로 재방출되는 열에너지가 소행성의 자전속도를 증가시키거나 감소시킬 수 있다.

로 불안정했기 때문에 젊은 지구는 무차별로 폭격당했다. 당시 화성 크기의 천체가 충돌해 달을 만들었고, 후기 대충돌기를 거쳐 지구에 생명의 기본요소인 물과 탄소기반 물질이 전해졌을지도 모른다. 생명체가 태어난 뒤에 일어난 충돌은 진화를 중단시켰고, 가장 적응력이 강한 종들만 진화를 이어갈 수 있었다.

4장

-

생명을 주고, 파괴하다

문제는 지구에서 누군가 그 소행성에 이름을 붙였는지가 아니라
소행성이 언제 무슨 이름을 갖게 되었느냐는 것이다.

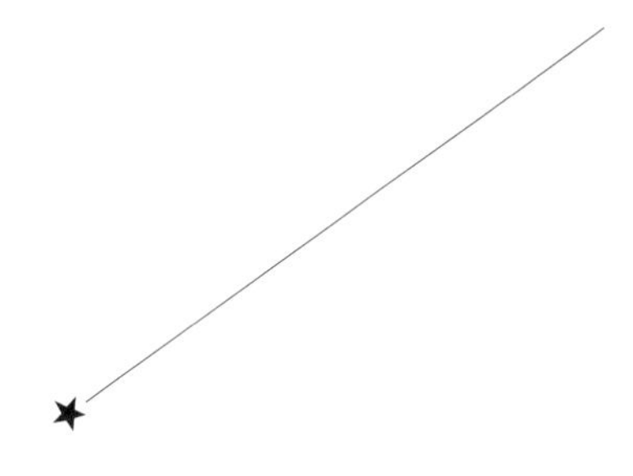

"지구! 나 좀 볼까.

자네는 한 번도 내 경고에 귀를 기울이지 않는군."

그동안 계속해서 충돌이 일어났다는 증거는 태양계 어디에나 뚜렷하게 남아 있다. 1609년 갈릴레오가 처음 망원경으로 달을 봤을 때 운석구덩이가 한눈에 들어왔고, 높은 해상도로 암석 행성과 위성의 표면을 들여다봐도 의심할 여지없는 증거들이 있다. 지구에서는 지각판의 이동이나 바람과 물의 침식, 화성에서는 화산활동과 바람과 먼지에 의한 침식이 그 구덩이의 상당수를 지워버렸다. 그런데 일부 천문학자들은 어떻게 그걸 까맣게 모를 수 있을까? 얼마나 더 경고사격을 해야 지구가 태양을 도는 사격장의 트랙을 달리고 있으며, 우리 인류 전체가 표적이 되고 있다는 사실을 알아차릴까?

19세기까지는 '우주에서 날아온 돌'이라는 개념이 일반적이지 않았고, 1990년대에도 근지구천체의 전체 규모에 대해 아는 게 전혀 없었다. 충돌에 관한 지식이 기록으로 남기 시작한 것은 불과 얼마 되지 않는다.[1] 20세기 후반까지만 해도 지구와 달 표면에서 일어나는 충돌사건은 널리 인식되지 않았고, 달 크레이터는 화산활동의 흔적이라고 믿었다. 달 크레이터가 충돌구impact crater라고 주장한 이들은 그 구조가 지구의 화산과 다르고, 어떤 것은 지구의 어떤 화산성 지형보다 크다고 반박했다. 하지만 태양을 공전하던 충돌체는 경사각을 가지고 진입하기 때문에 타원형 구덩이를 남겨야 하는데, 달의 크레이터는 왜 모두 원형인지도 설명해야 했다.

1916년 에스토니아 천문학자 에른스트 외픽은 달 표면에서 일어나는 충돌은 그 속도 때문에 폭발을 동반하며 충돌체의 진입각도가 어떻든 상관없이 원형에 가까운 구덩이를 만들 수밖에 없다고 결론지었다. 안타깝게도 그의 천재적인 발상이 담긴 제대로 된 그 논문은 러시아 학술지에 출판되는 바람에 당시에는 그 가치에 걸맞은 영향을 주지 못했다.[2]

1893년 미국의 저명한 지질학자 그로브 K. 길버트는 달 크레이터가 지구 주위를 도는 위성들의 충돌로 만들어졌다고 주장했지만, 애리조나 주 윈슬로 부근에 남은 '운석구덩이Meteor Crater'는 화산성 증기폭발의 결과라고 믿었다. 그는 구덩이 가장자리가 원형이고, 땅에 묻힌 철질 충돌체에 자기이상이 나타나지 않으며, 가장자리에 남은 물질의 양이 그 안쪽에서 파헤쳐진 양과 비슷하다는 사실을 바탕으로 이렇게 결론 내렸다. 이러한 관찰 사실 가운데 그 어떤 것도 충돌구와 부합하지 않았으며, 당대 지질학자들 대부분이 그의 해석을 결론으로 받아들였다.

애리조나 주의 이 구덩이가 충돌로 만들어진 것이라는 생각은 그 후 40년 동안 학자들에게 배척받고 무시되고 조롱당했다. 그러나 변호사이자 지질학자이며 사업가였던 대니얼 배린저는 충돌구와 상관없어 보이는 그러한 특성들은 대형 철질 운석鐵質隕石이 충돌했기 때문이라고 주장했다. 철질 운석은 상업적 가치가 높아 그는 철덩어리를 찾으려고 애썼다. 결과적으로는 실패했지만 그가 철덩어리를 찾기 위해 사용했던 장비는 지금도 그 구덩이 바닥에 남아 있다. 당시에 일어난 소행성 충돌은 폭발을 동반했기 때문에 주변 지역에서만 철로 된 파편들을 찾았을 뿐 그 밑바닥에는 큰 철덩어리가 남지 않았다.

이 구덩이가 폭발성 충돌의 결과라는 것을 확인한 것은 1963년 진 슈메이커가 애리조나 구덩이와 네바다 주 유카 평원에서 지하 핵폭발로 생긴 구덩이의 물리적 특성이 비슷하다는 사실을 알아냈을 때였다. 그는 지름 25미터급 철질 충돌체가 초속 15킬로미터로 지구에 부딪친 결과 이 구덩이가 만들어졌다고 설명했다.

마침내 과학자들이 근지구천체에 의한 충돌의 중요성을 인식하게 되면

그림 4.1 현재 애리조나 주 윈슬로 부근에 남은 운석구덩이는 대략 5만 년 전 40~50미터 크기의 철질 소행성이 충돌해 생긴 것으로 생각된다. 이 구덩이는 지름 1.2킬로미터, 깊이 170미터다. 구덩이 바닥에 철덩어리가 묻혀 있지 않은 것은 확실하지만, 그 주변 지역에서 수많은 철질 운석들이 발견됐다(셰인 토거슨 제공).

서 초기 태양계의 진화와 관련된 많은 문제들이 보다 분명해졌다.

지구가 형성되고 5,000만 년이 흐른 뒤 화성만 한 천체가 지구에 충돌했다. 당시 부서진 조각들이 지구 궤도에 진입했고, 이들이 뭉쳐 달이 됐다는 것이 일반적으로 받아들여진 지구-달 형성이론이다. 달이 그 충돌체의 암석 맨틀에 기원한다는 달 형성론은 달에 철로 이루어진 제대로 된 핵이 없다는 사실을 뒷받침하며, 컴퓨터 모의실험을 통해서도 비교적 무거운 달이 어떻게 지구 근처에 머물게 됐는지 쉽게 알 수 있다. 이때 발생한 엄청난 에너지는 달과 그 원시 마그마 바다에 물 같은 휘발성 물질이 상대적으로 적은 것과도 잘 맞다.* 3

충돌로 지구표면은 모두 녹았을 테고 암석 맨틀이 기화해 일시적으로 가스상태의 규산염 대기가 존재했을지도 모른다. 표면에는 물도 탄소기반의 유기물 분자도 없었으며, 대기에 산소조차 없던 당시의 지구는 지옥 같은 환경이었으리라. 따라서 그 어떤 생명체도 살 수 없었을 것이다. 그 거대한 충돌이 일어난 45억 년 전과 후기 대충돌기 끝자락이던 39억 년 전 사이에 원시적인 단세포 생명, 예컨대 세균이 생겨났을 가능성이 크다. 그 사이에 무슨 일이 있었던 걸까?

생명의 두 가지 구성요소인 물과 탄소기반 물질이 근지구소행성과 근지구혜성의 충돌결과 지구에 전달됐을 가능성을 생각해볼 수 있다. 그토록 일찍 원시적인 생명이 시작됐고, 어쩌면 후기 대충돌기의 저 지옥 같은 환경에서 살아남았는지도 모른다. 지구에 원시생명이 태어났을 당시의 상황은 아직 온전하게 밝혀지지 않았다.

---

* 최근에는 '테이아'라고 불리는 화성 크기의 천체가 원시지구와 충돌했으며, 이때 지구도 완파상태로 부서졌고, 이들이 다시 뭉쳐 현재의 지구와 달이 됐다는 설이 유력하다.

생명의 구성요소를 전달하다

지구에 복잡한 지적생명체가 발달한 것은 최근의 일이지만 35억 년 전, 어쩌면 그보다 더 이른 시기에 살았으리라 생각되는 단세포 생명의 화석이 남아 있다. 원핵생물이라고 불리는 핵이 없는 단세포생물이다. 그 흔한 예로 35억 년이 지난 지금까지 잘 살고 있는 세균을 들 수 있다.[4]

후기 대충돌기에는 지옥 같은 환경이 바다를 펄펄 끓여 증발시켜버렸을 것으로 보인다. 그 결과 생명에 필수적인 두 가지 요소, 즉 물과 탄소기반 유기분자들이 지구표면에 한꺼번에 실려 온 뒤 자가복제하는 생명체를 이루고 번식할 수 있었던 시간은 상대적으로 짧았다.[5] 그렇다면 생명의 구성요소는 어디에서 왔을까?

지구의 원시대기에는 수소가 풍부했고, 태양 자외선과 번개 덕분에 무기화합물로부터 유기물이 만들어질 수 있었을 것으로 보인다.[6] 수소 대기는 짧은 시간에 날아가버렸고, 그보다 오래 지속된 원시대기는 주로 수증기와 질소, 이산화탄소로 이루어졌을 가능성이 크다. 이 기체들은 아마도 지구 내부로부터 그리고 충돌하는 근지구소행성과 근지구혜성에서 빠져나왔을 것이다. 지구는 생명에 필수적인 유기물을 전해준 천체들과의 충돌을 피할 수 없었으리라.

우리는 소행성 파편을 분석해 살아 있는 세포를 이루는 단백질의 기본 구성요소인 아미노산 같은 유기화합물이 풍부하다는 사실을 알아냈다. 과학자들은 1969년 호주 빅토리아 주 머치슨에 떨어진 운석을 조사해 90가지가 넘는 다양한 아미노산이 포함되어 있다는 사실을 알아냈는데, 그 중 19가지는 지구상 생물에서도 발견된다. 그렇다면 인류와 모든 생명체는 근지구천체 덕분에 존재하는지도 모른다.

24억 년 전까지만 해도 지구 대기에 유리산소*가 없었기 때문에 초기 생명체들은 태양 방사선과 수소나 황화수소, 철과 관련된 반응에서 가소화탄수화물을 만들 에너지를 얻는 광합성 방식을 개발했다. 또 다른 미생물들은 태양에너지가 지금보다 훨씬 적었을 때 온실가스인 메탄을 만들어 지구표면의 물이 액체상태를 유지하도록 했다. 27억 년 전 일부 조류藻類**가 산소를 대기 중에 방출하는 좀더 효율적인 광합성 방식을 개발했다. 산소가 없을 때 진화했던 원시 미생물들에게 산소는 독이었지만, 산소가 늘어나자 오존층을 만들 수 있는 수준에 이르렀고, 이후 오존층은 대기 중 산소를 파괴했던 태양 자외선의 차단을 도왔다. 모든 유핵세포들은 신진대사를 위해 산소가 필요했기 때문에 이는 지구 생명의 진화에 있어 엄청난 도약이었다.

핵 속에 DNA가 있는 최초의 다세포생물은 20억 년 이전에 나타났다. 2008년 한 해 동안 아프리카 가봉에서 잘 보존된 화석 몇 백 개가 발견됐으며, 이로부터 적어도 21억 년 전에 다세포생물이 존재했었다는 사실을 알게 됐다. 그 후 5억 년 전에 5,000만 년이라는 비교적 짧은 기간 동안 후속 진화가 일어났다. 최초의 어류를 포함해 척추동물이 출현한 캄브리아 대폭발기라는 기간 동안이었다. 그리고 육지에 엄청나게 다양한 생명들이 출현했다. 그러나 대멸종사건으로 갑자기 중단되는 바람에 많은 종의 진화가 제자리로 돌아갔고, 가장 적응력이 뛰어난 종들만 진화하게 되었다.

* 지구 대기에 유리산소 O_2가 나타난 때는 고원생대로 혐기성 생물의 물질대사 과정의 부산물로 만들어졌다. 유리산소가 늘어나면서 산소의 독성에 적응하지 못한 많은 생물들이 죽었지만, 산소를 이용하는 새로운 생물이 대거 등장했다.

** 물속에 살며 광합성으로 독립 영양생활을 하는 단순한 식물이다.

공룡을 멸종시키다

고생물학에서는 서서히 일어나는 변화가 축적되어 다양한 종들을 점진적으로 진화시킨다고 생각한다. 그런데 최근 지질학적으로 짧은 기간에 일어난 대멸종사건이 느린 진화과정을 마감하고, 다음 시대까지 살아남은 적응력이 뛰어난 종들만이 새 시대를 연다는 사실을 알게 됐다.

알파벳 K는 백악기Kreidezeit 또는 파충류 시대를 나타내는 약자고, 알파벳 T는 그 이후인 제3기Tertiary Period를 가리킨다. 두 시대의 경계가 되는 6,500만 년 전에 일어난 멸종사건을 K-T 멸종사건이라 부른다.

K-T 멸종에서 대부분의 생물군이 살아남았지만, 육지와 바다에 서식하고 하늘을 나는 대형 척추동물 대부분이 종말을 맞았다. 거의 모든 플랑크톤과 많은 육지식물이 전멸한 반면, 포유류와 곤충류, 조류鳥類는 상당수 살아남았다. 당시 포유류는 유충과 벌레, 달팽이들을 먹는 비교적 작은 생물이었고, 죽은 식물과 다른 동물성 물질도 먹이로 삼았다. 바다와 육지, 양쪽에서 서식하는 악어과 파충류와 상어, 가오리, 홍어류도 대부분 살아남았다. 하지만 먹이를 엄청난 양의 식물에 의존하는 대형 육지 파충류는 그들을 잡아먹는 육식성 파충류와 함께 죽었다. 이 생물들의 화석은 K-T 멸종사건 이후에는 거의 발견되지 않았다. 공룡이 죽었다. 과연 무엇이 그들을 없앴을까?

1980년 부사시간인 두 과학자 루이스 앨버레즈와 월터 앨버레즈는 동료들과 공동으로 6,500만 년 전 지구와 충돌한 10킬로미터급 소행성이 K-T 멸종사건의 원인이라고 주장하는 논문을 《사이언스》 지에 실었다. 이 충돌로 충돌체 질량의 약 60배에 달하는 물질이 대기로 날아갔고, 그 일부는 몇 년 동안 성층권에 남았을 것이다. 그 결과 찾아온 어둠은 광합성을 막았고, 식물과 이 식물을 먹이로 삼는 동물들에게 참혹한 환경이었을 것이다.

두 과학자가 생각해낸 이 기발한 발상의 근거는 다음과 같다. 이탈리아와 덴마크, 뉴질랜드에서 측정한 결과, K-T 멸종 시기에 노출된 심해 석회암에서 이리듐 성분비가 극적으로 증가했다. 중금속인 이리듐이 속한 백금족 원소* 대부분은 오래 전 지구 중심으로 가라앉았기 때문에 지각에 남은 양은 우주에 존재하는 비율보다 훨씬 낮다. 반면 지구보다 훨씬 작은 소행성에는 이리듐을 포함한 중원소들이 그 내부에 고루 분포하고 있을 것으로 생각된다.

앨버레즈 부자와 동료들은 백악기와 제3기 지층 사이에 쌓인 1센티미터 두께 퇴적층의 이리듐 성분비가 그 경계층 아래의 오래된 백악기층과 그 위의 젊은 제3기층의 이리듐 성분비보다 적게는 20배에서 많게는 160배까지 높다는 사실을 알아냈다. 충돌체에서 나와 지층에 쌓인, 성층권 먼지로 된 이 경계층 점토는 어느 곳에서나 화학성분이 비슷했지만 백악기와 제3기 석회암과 섞여 있는 점토와는 전혀 달랐다. 높은 이리듐 성분비를 보이는 이 얇은 경계층이 발견되는 지역은 현재 100곳이 넘는다.

K-T 멸종사건은 멕시코 유카탄 반도 해저에서 충돌 구덩이가 발견됨으로써 그 진위가 극적으로 확인됐다. 1978년 멕시코 정유회사인 페멕스의 요청으로 글렌 펜필드라는 지구물리학자가 유카탄 반도에서 원유 시추위치를 찾기 위해 자기조사 활동을 벌였다. 그러던 중 멕시코 칙술루브라는 마을 인근을 중심으로 충돌구의 증거가 나오기 시작했다. 그는 바다 속에서 대칭을 이루는 활 모양의 거대한 지형을 발견했고, 지도에 이 지역의 중

* 루테늄, 로듐, 팔라듐, 오스뮴, 이리듐, 플래티늄(백금) 6개 원소를 말한다.

력이 미묘하게 다르다고 기록된 사실에 주목했다.

캐나다 천문학자 앨런 힐데브란드는 칙술루브 지역의 충돌에 관한 독자적인 증거를 갖고 있었다. 그 가운데는 이리듐이 다량 함유된 점토에 충격석영shocked quartz 입자와 작은 유리구슬이 포함된 것도 있었다. 이러한 물질은 충돌 직후 분출된 쇄설물이라고 예상할 수 있다. 1990년 힐데브란드가 펜필드에게 연락해 1951년 페멕스가 점유한 지역*에서 시추암 시료들을 확보했고, 이후 내내 창고에 보관해두었다. 시료에서는 엄청난 압력을 동반한 충돌이었음을 시사하는 충격석영이 발견됐다. 칙술루브 구덩이는 약 6,500만 년 전에 만들어진 것으로 밝혀졌고, 180킬로미터가 넘는 그 규모로 볼 때 비교적 덩치가 큰 근지구천체와 충돌했다는 추측과 일맥상통했다.

과학자 대부분은 1980년 앨버레즈의 논문과 1991년 힐데브란드의 논문을 K-T 멸종사건이 10킬로미터나 그보다 큰 근지구천체와의 충돌로 발생했다는 것을 뒷받침하는 확실한 증거로 생각하고 있다.[7]

K-T 멸종사건이 지구 역사상 유일한 멸종사건은 아니다. 약 2억 5,000만 년 전 페름기와 트라이아스기 사이에도 해양생물의 90퍼센트와 육지생물의 70퍼센트 이상이 절멸했을 것으로 생각된다. 이를 가리켜 '대멸종The Great Dying' 시대라고 한다. 하지만 근지구천체의 충돌로 일어난 사건이 아니라면 지구상에 구덩이가 남지 않았을 것이다. 그러나 충돌체가 바다에 충돌했을 가능성이 크고, 해저확장과 섭입** 때문에 2억 년 이상 오래된

---

* 페멕스는 1951년 이 지역에 탐사공을 뚫어 놨다.

** 해양지각은 해령에서 새롭게 솟아나 양쪽으로 퍼지면서 이동하는 동시에 해구에서는 하나의 지각판이 다른 판 밑으로 끼어 들어가 없어지는 판이동을 하기 때문에 2억 년보다 오래된 해양지각이 존재하지 않는다.

그림 4.2 이 지도는 멕시코 유카탄 반도 끝 칙술루브 충돌 구덩이가 있는 지역을 나타낸다.

해양지각은 존재하지 않는다는 점도 고려할 필요가 있다.

지구는 만들어진 이후 헤아릴 수 없을 만큼 많은 충돌을 겪었으며, 그 중 규모가 큰 몇몇 사건들은 대멸종을 일으켜 가장 적응력이 강한 종들만 진화하도록 했다. 6,500만 년 전, 적응력이 부실했던 대형 파충류가 10킬로미터급 소행성 충돌로 멸종됐을 때 포유류는 이득을 봤다. 우리 인간은 근지구천체의 충돌 덕분에 존재할 수 있었으며, 먹이사슬에서 가장 높은 자리를 차지하게 됐을 가능성이 크다.

1990년대 중반까지 알려진 근지구천체는 그리 많지 않았다. 근지구천체가 이렇게 중요하다면 왜 최근까지 인식하지 못했을까? 그 이유는 다음 장에서 알아보자.

5장

-

근지구천체, 어떻게 찾아내고 어떻게 추적하나

대재앙을 일으킬 만큼 큰 운석이
다시는 지구의 방어벽을 뚫게 내버려두지 않을 것이다.
그렇게 우주방위 프로젝트는 시작됐다.

– 아서 C. 클라크, 《라마와의 랑데부Rendezvous with Rama》

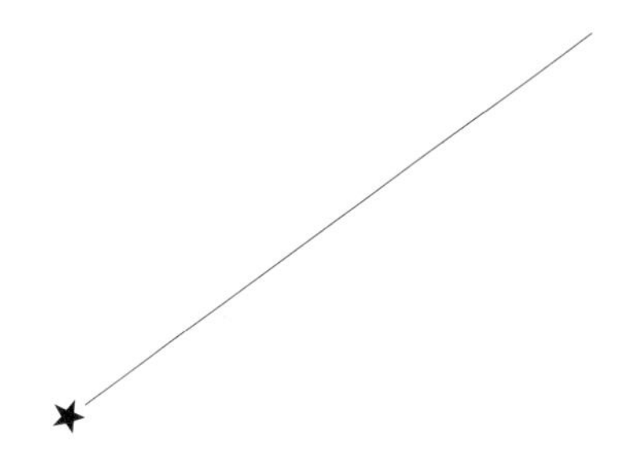

주기혜성이 태양을 기준으로 1.3AU보다 가까운 지점을 통과하면 근지구천체로 분류된다. 핼리, 템펠-터틀, 스위프트-터틀 같은 주기혜성 몇 개는 고대 중국문헌에도 기록되어 있다. 근지구혜성은 알려진 지 이미 오래됐다. 대영박물관에 소장되어 있는 바빌로니아 점토판에도 기원전 164년 핼리 혜성이 나타난 사실이 새겨져 있다.[1]

혜성은 멋진 광경을 연출하기도 한다. 일단 내태양계로 들어오면 얼음이 기화하기 시작하며 분출된 가스와 먼지입자들이 태양 반대쪽으로 뻗으면서 때때로 멋진 장면을 보여준다. 이처럼 활동을 보이는 혜성은 요란해 보이기는 하지만 근지구천체 가운데 불과 1퍼센트밖에 차지하지 않는다. 근지구소행성은 가스나 먼지를 내뿜지 않는다. 그리고 근지구천체 종족을 장악하고 있는 것은 저 눈에 잘 띄지 않게 암행하는 소행성들이나. 천문학자들은 최근 근지구천체 종족의 규모와 중요성에 대해 새로이 알게 됐다.

화성과 목성 사이가 너무 넓은데

16세기 후반, 독일의 수학자이자 천문학자인 요하네스 케플러는 화성과 목성 궤도 사이의 넓은 지역에 아직 발견되지 않은 행성이 있어야 한다고 말했다. 케플러의 이러한 생각은 자연과 태양계에는 대칭과 비례가 성립해야 한다는 갈망에서 온 것이다. 1766년 독일 천문학자 요한 다니엘 티티우스는 태양에서 행성들까지의 거리를 계산할 수 있는 경험적인 비연속 수열을 제안했다.

티티우스에 따르면 태양에서 가장 가까운 수성까지 0.4AU라면 금성까지는 0.4+0.3=0.7AU, 지구는 0.4+0.6=1.0AU, 화성은 0.4+1.2=1.6AU가 된다. 이어 그 다음 (실종된) 행성은 0.4+2.4=2.8AU에 있어야 하고, 그 다음인 목성과 토성은 각각 0.4+4.8=5.2AU와 0.4+9.6=10.0AU에 있어야 맞다. 이 식은 두 번째 항을 두 배해서 계산하면 다음 행성까지의 거리가 나온다.

당시 베를린천문대장이던 요한 보데는 티티우스의 경험식을 이용해 화성과 목성 궤도 사이에 미지의 행성이 있을 거라고 주장했고 이 식은 보데의 법칙Bode's law으로 알려지게 됐다. 이 식은 보데가 발견한 것도 그가 만든 법칙도 아니었지만, 1781년 윌리엄 허셜이 보데의 법칙으로 얻은 19.6AU와 비슷한 19.2AU 가까운 거리에서 천왕성을 발견했을 때 헝가리의 천문학자 바론 프란츠 폰 자크는 보데의 법칙이 옳다고 확언했다.[2]

폰 자크에 따르면 화성과 목성 궤도 사이 어딘가에 다른 행성들과 함께 태양을 공전하는 미지의 행성이 황도 주변에 있어야 했다. 몇 년 동안 혼자서 아무런 성과 없이 그 천체를 찾던 폰 자크는 본격적으로 실종된 행성에 대한 체계적인 탐사관측을 준비했다. 1800년 9월 폰 자크는 24명의 천문학자들을 모집했고, 그들은 각각 황도지역을 세로 15도, 가로 7~8도씩 탐색하는 데 합의했다. 이 천문학자들은 실종된 행성을 찾고 각자가 맡은 지역의 항성목록을 만들어달라는 요청을 받았다. 폰 자크의 계획을 개략적으로 설명한 편지는 천체경찰celestial police* 활동과 관련 없는 다른 사람들에게도 돌고 돌았다. 당대 최고의 천문학자들이 제대로 조직한 단체니까 실종된 행성을 찾아낼 거라는 점은 의심할 필요가 없었다.

폰 자크의 편지 가운데 하나가 기존 항성목록을 확인하던, 이탈리아 시칠리아 섬 팔레르모천문대의 수도사 주세페 피아치 대장에게 전달됐다. 천체경찰 활동과 관계없이 피아치는 목록에 있는 항성들의 위치정밀도를 체계적으로 확인하고 있었다. 19세기가 시작된 첫 날인 1801년 1월 1일 저녁, 피아치는 전날 밤 관측했던 황소자리의 별 하나가 움직인 것에 주목했다! 거창한 혜성의 모습과 달라서 혜성이 아닌 다른 것일지도 모른다는 생각이 들었다. 피아치는 1월 내내 밤마다 계속해서 고정된 별들 사이로 움직이는 천체의 운동을 따라갔다. 그는 그 천체를 2월 11일까지 추적했다. 하지만 피아치는 좋지 않은 날씨에, 병을 얻은 데다가, 천체의 궤도를 직접 계산해보기 전에 너무 많은 정보를 제공하는 것을 꺼렸기 때문에 3월 20일까지 보데는 아무 소식도 듣지 못했다.

1801년 여름이 될 때까지 이 사실은 발표되지 않았고, 천문학계에서 쓰일 기회를 갖지 못했다. 당시 잠정적으로 발견된 이 별에 대해 여러 가지 궤도가 계산됐지만 예상 위치는 서로 크게 달랐다. 피아치가 세레스 페르디난데아Ceres Ferdinandea(나중에 세레스Ceres라고 줄여 부름)라고 이름 붙인

* 폰 자크가 모집한 24명의 천문학자 그룹을 이렇게 불렀다.

그의 보물은 사실상 잃어버렸다.[3] 하지만 독일의 젊은 수학자 칼 가우스가 자신의 천재성을 입증하듯 세레스의 정밀궤도를 계산하는 데 필요한 방법을 개발했고, 1801년 11월 결과를 발표했다.[4]

가우스가 계산한 바에 따르면 그 궤도장반경은 보데의 법칙과 일치하는 2.77AU였다. 1801년 12월 7일 폰 자크는 독일 제부르크천문대에서 세레스를 관측했고, 그달 말까지 내내 후속 관측을 시도해 세레스가 다시 발견됐다는 사실을 확인했다.

당시에는 세레스를 화성과 목성 궤도 사이에 있는 미지의 행성이라고 여겼지만, 사실 피아치가 발견한 것은 우리가 소행성이라고 부르는 수없이

그림 5.1 1801년 1월 1일 시칠리아 섬 팔레르모천문대에서 첫 번째 소행성 1 세레스를 발견한 이탈리아의 가톨릭 신부이자 천문학자인 주세페 피아치(1746~1826)의 판화로 새긴 초상화.

많은 천체들 가운데 최초로 발견된, 그것도 가장 큰 것이다.[5]

과학계에서는 종종 볼 수 있는 일이지만, 일단 새로운 종류의 천체가 하나 발견되면 더 많은 발견이 줄을 잇는다. 1802년 3월 두 번째 소행성 2 팔라스Pallas를 찾은 데 이어 3 주노Juno와 4 베스타Vesta가 각각 1804년 9월과 1807년 3월에 발견됐다. 다섯 번째 소행성인 5 아스트라이아Astraea는 이후 38년을 기다린 뒤에야 세상에 알려졌지만, 그 후 화성과 목성 궤도 사이 소행성대라고 불리게 된 지역에서 엄청나게 많은 소행성들이 연이어 발견됐다. 어두운 별들을 관측하려던 일부 천문학자들은 망원경 시야에 예기치 않게 뛰어든 소행성을 짜증스럽게 생각했는데, 독일의 한 천문학자는 우스갯소리로 이를 '하늘의 해충'이라고 불렀다. 오늘날 소행성대에서는 매달 3,000개가 넘는 하늘의 해충들이 발견된다.

근지구소행성 발견의 길을 열다

근지구천체에는 아폴로 그룹 소행성, 아모르 그룹 소행성, 아텐 그룹 소행성, 아티라 그룹 소행성(또는 지구 궤도 내 소행성inner-Earth objects)이 있다. 제일 처음 발견된 근지구소행성은 아모르 그룹 소행성에 속하며, 1898년 8월 13일 베를린천문대의 구스타프 비트와 니스천문대의 오귀스트 샤를로와가 찾은 433 에로스Eros다.

비트는 지구의 자전과 같은 속도로 망원경을 구동시켜 시야에 들어온 별들이 움직이지 않도록 하면서 두 시간 동안 사진 건판을 노출시켰다. 그는 다른 별들은 점광원인데 비해 별 하나가 사진 건판에 짧은 궤적을 남긴

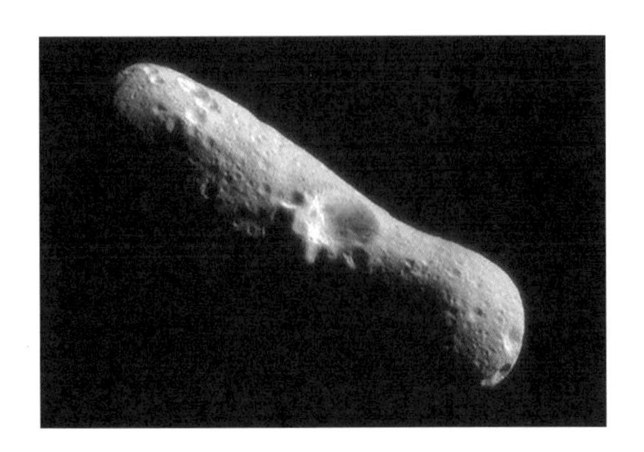

그림 5.2 433 에로스는 처음으로 발견된 근지구소행성이다. 이 사진은 니어 슈메이커NEAR Shoemaker 호*가 2000년 에로스를 공전하는 궤도에 있을 때 촬영한 것이다. 에로스의 긴 축 길이는 34킬로미터다(나사 및 존스홉킨스대학교 응용물리연구소 제공).

것을 유심히 살펴봤다. 궤도를 계산해보니 근일점거리가 화성 궤도 훨씬 안쪽에 있었다. 이처럼 특별한 소행성을 기념하기 위해 소행성에 신화나 현실 속의 여성 이름을 붙이는 오랜 관습이 폐기됐는데, 그 후 소행성 명명절차가 내리막길을 걷게 됐다고 안타까워하는 사람이 혹시 있을지도 모르겠다!

에로스를 찾은 뒤 3년이 채 지나지 않아 오스트리아 천문학자 테오도르 오폴처는 에로스의 밝기가 시간에 따라 달라진다는 사실을 알아냈다. 그리고 모양이 비대칭적인 천체가 몇 시간 주기로 자전한다면 이러한 관측사실을 설명할 수 있을지도 모른다고 생각했다. 그리고 시간이 한참 흐른 뒤, 대규모 지상관측에 이어 2000년 직접 탐사를 통해 에로스가 길쭉하게 생겼으며, 자전주기가 5시간 16분이라는 사실을 알게 됐다.

발견 직후 천문학자들은 에로스가 지구와 가깝다는 점을 이용해 시차

* 사상 최초로 소행성 착륙에 성공한 무인 우주탐사선이다.

parallax*를 바탕으로 킬로미터 단위로 그 거리를 알아냈고, 그 값을 천문단위 AU로 환산했더니 대략 태양과 지구의 평균거리와 같았다.

최초의 근지구소행성 에로스가 발견된 뒤, 20세기 초에 근지구소행성 몇 개가 더 발견됐다. 1911년 아모르 그룹 소행성 719 앨버트가 발견됐는데, 궤도를 결정할 수 있을 만큼 충분히 관측되지 않아서 무려 89년 동안이나 잃어버렸다가 2000년 스페이스워치 프로젝트의 제프리 라슨이 다시 찾았다. 매사추세츠 주 케임브리지에 있는 소행성센터의 가레스 윌리엄스가 그 궤도를 분석해 1911년과 2000년에 관측된 것은 같은 천체였다는 사실을 밝혀냈다. 세 번째와 네 번째 발견된 근지구소행성은 둘 다 아모르 그룹 소행성으로, 1918년 발견된 887 알린다Alinda와 1924년 발견된 1036 가니메드Ganymed다.

대공황이 최고조에 달했던 1932년이 별로 좋은 해라고는 할 수 없지만, 근지구천체 발견에 있어서는 예외였다. 1221 아모르는 1932년 3월 12일 벨기에 위클천문대에서 외젠 델포르테가, 1862 아폴로는 같은 해 4월 24일 독일 하이델베르크천문대의 칼 라인무트가 찾아냈다. 이들은 각각 아모르 그룹 소행성과 아폴로 그룹 소행성을 대표하는 소행성이 됐다.

그 후 1976년 엘리너 '글로'** 헬린이 지구의 궤도장반경보다 궤도장반경이 작은 근지구소행성을 최초로 발견했다. 2062 아텐이라는 이 소행성은 그 후 비슷한 궤도를 갖는 소행성들의 원형이 됐다. 아텐 그룹 소행성과 아티라 그룹 소행성은 대부분의 시간을 지구 궤도 안쪽에서 보내기 때문에

---

* 멀리 있는 물체를 두 장소에서 보면 그 물체의 위치와 방향이 다르게 보인다. 천문학에서는 천체의 거리를 측정하는 데 이 방법을 활용한다.

** 엘리너 헬린의 별명이다.

그림 5.3 엘리너 헬린(1932~2009)은 초기 근지구천체 발견자들 중 한 사람이다. 그녀는 천문학계와 일반인에게 근지구천체에 대한 관심을 불러일으키고 제대로 알리기 위해 부단히 노력했다(나사/제트추진연구소-캘리포니아공과대학교 제공).

지구에서 볼 때 태양과 가깝다. 따라서 관측하기 어렵고, 지상관측으로는 가장 찾기 어려운 소행성에 속한다.

엘리너 헬린과 진 슈메이커는 근지구소행성을 찾기 위해 1973년 1월 캘리포니아 남쪽 팔로마 산에서 구경 18인치 슈미트망원경과 사진 건판을 이용한 체계적인 탐사관측에 착수했다.[6] 관측은 대부분 글로가 맡았으며, 매일 밤 하늘을 7개 지역으로 나눠 각각 20분과 10분짜리 사진을 한 쌍씩 찍었다. 고된 작업이었다. 이 관측 프로그램에는 팔로마 행성궤도 통과 소행성 탐사관측연구Palomar Planet-Crossing Asteroid Survey, PCAS라는 이름이 붙었다. 이들은 지구자전을 이용해 전체 하늘의 별들을 촬영한 뒤, 한 쌍씩 찍은 사진 건판을 현미경으로 확인했다. 그리고 점으로 나타난 별들 사이를 움직이는, 뚜렷하게 보이는 궤적을 찾았다.

성공하기까지 오랜 시간이 걸렸다. 첫 수확은 착수한 지 여섯 달이 지난 1973년 7월 4일 커다란 궤도경사각을 가지고 궤도를 도는 아폴로 그룹 소행성Apollo asteroid 5496 1973 NA를 찾은 것이다. 1978년까지 이 팀에서 발견한 근지구소행성이 12개였으니, 1973년부터 5년 동안 1898년 에로스가 처음 발견된 후 목록화된 모든 근지구소행성의 두 배를 발견한 셈이다.

1980년 슈메이커와 헬린은 소행성을 좀더 효율적으로 발견하기 위해 연속촬영된 건판을 검토하는 작업을 잠시 중단했다. 그들은 고감도 필름에 찍힌 별의 위치가 조금씩 비껴가도록 같은 지역을 수분 간격으로 짧게 두 장씩 촬영했다. 그리고 두 장의 사진을 실체현미경stereomicroscope* 으로 비교했다. 이제 사진에서 근지구소행성은 연속적이라기보다는 주변 별들을 배경으로 조금씩 위치가 달라져 위로 붕 떠 있는 것처럼 보였다. 실체현미경으로 근지구천체를 찾는 데 특히 소질이 있었던 진의 아내 캐롤라인 슈메이커가 작업의 상당 부분을 소화해냈다.

1980년 헬린과 슈메이커 부부 사이에 약간의 마찰이 생겨 협력 프로그램은 결국 끝이 났다. 엄마와 아빠 슈메이커(슈메이커 부부는 농담처럼 자신들을 이렇게 불렀다)는 애리조나 주 플래그스태프에 있는 미국지질연구소로 자리를 옮겼고 헬린은 제트추진연구소로 가서 별도의 사진관측 프로그램을 시작했다. 슈메이커 부부는 1990년대 중반까지 계속해서 자신들의 사진관측 프로그램인 팔로마 소행성 및 혜성 탐사관측연구Palomar Asteroid and Comet Survey, PACS를 진행했다.[7]

---

* 두 눈으로 보는 현미경으로 대상을 입체감 있게 볼 수 있다.

그림 5.4 진 슈메이커와 캐롤라인 슈메이커 부부는 팔로마산천문대에서 많은 근지구소행성과 근지구혜성을 발견했다(글렌 마룰로 제공).

CCD, 근지구천체 발견의 혁명

1983년 중반 톰 게렐스와 밥 맥밀란은 근지구천체 탐사관측에 스튜어드천문대의 구경 0.9미터 망원경을 쓰기 시작했다. 애리조나 주 투손 부근에서 수행된 이 연구는 스페이스워치 프로젝트Spacewatch Survey라 불린다. 게렐스는 망원경을 마운트*에 고정시켜 지구가 자전하는 동안 시야에 들어온 천체를 연속해서 스캔할 수 있도록 했다. 이 망원경은 1984년부터 근지구천체 관측 전용으로 사용됐으며, 세계 최초로 전하결합소자Charge-Coupled Device, CCD가 부착됐다.

* 망원경의 구동부를 가리킨다.

현재 CCD는 천문학 연구용 검출기와 디지털 카메라, 휴대전화 등에 널리 쓰이지만, 당시에는 근지구천체 발견을 위해 채택된 신기술이었다. 스페이스워치 CCD는 처음에는 가로 320개, 세로 512개(320×512=163,840)의 화소(픽셀pixel)를 가지고 있었고, 화소 하나하나는 카메라 초점면에서 자신에게 떨어지는 빛의 세기에 비례하는 전하를 축적했다. 1989년 이후 스페이스워치는 가로 2,000개, 세로 2,000개(2,000×2,000=2,000,000)의 화소가 있는 CCD 카메라를 채택해 근지구천체 탐사관측에 착수했다. 현재 스페이스워치팀의 CCD 카메라 시스템에는 면적이 더 큰 CCD 칩이 쓰이고 있다.

스페이스워치팀은 근지구천체를 발견하기 위해 하늘의 같은 지역을 매일 밤 15~20분 간격으로 여러 번 촬영하고 있다. 촬영이 끝나면 컴퓨터 프로그램은 즉시 영상들을 비교해 그 사이에서 움직이지 않는 별을 찾고 이를 제거한다. 게렐스는 이렇게 움직이지 않는 별들을 '하늘의 해충'이라고 비꼬았다. 이제 움직이지 않는 별이 해충이 된 것이다! 영상과 영상 사이에 움직이는 것은 태양계 천체들이다. 영상에서 배경 별들을 기준으로 가장 흔하고 느리게 이동하는 소행성대 소행성들과 흔치 않으며 빠른 속도로 이동해 긴 궤적을 남기는 근지구소행성들을 비교적 쉽게 구별할 수 있다.

근지구천체 탐사관측을 하는 최신 프로젝트들은 이제 사진 건판 대신 대면적 CCD 검출기를 쓴다. 무엇보다 사용하기 쉽고, 디지털 자료로 출력할 수 있으며, 높은 집광효율과 빛에 대한 선형반응(가령 이웃 화소보다 10배 강한 빛을 감지한 화소는 10배 더 많은 전하를 기록한다) 때문이다.[8]

근지구천체 탐사관측에 진지해지다

천문학자들은 CCD 기술을 도입해 보다 효율적으로 근지구소행성 탐사관측을 진행할 수 있게 됐다. 1981년 7월 콜로라도 주 스노우매스에서 진 슈메이커가 주관한 워크숍이 계기가 되어 이러한 노력이 추진력을 얻었다. 워크숍에서 배포된 보고서는 정식으로 출간된 적은 없지만, 사람들 사이에 소행성 충돌에 관한 관심을 불러일으켰다. 보고서는 대규모 소행성 충돌은 극히 드문 사건이지만 그 영향은 대단히 심각하다는 내용을 담고 있었다. 워크숍이 열리기 1년 전 앨버레즈 부자가 공룡 멸종의 원인이 소행성 충돌 때문인 것으로 보인다고 발표한 것은 이 보고서의 결론을 뒷받침했다.

스노우매스 보고서는 망원경을 이용한 지구위협천체의 발견을 권고하면서 위험저감대책을 취할 수 있을 만큼 일찍 발견하는 것이 중요하다고 강조했다. 특히 선견지명이 돋보이는 것은 정밀한 충돌예측방법과 궤도변경 기술 개발을 비롯해 근지구천체의 물리적 특성 조사와 '아직 기술적으로 부족한 충돌회피방법 설계를 위한 공학 데이터베이스 구축'을 권고했다는 점이다.

하지만 1980년대와 1990년대 초, 이런 권고는 즉시 받아들여지거나 널리 인식되지 못했다. 언론과 일부 과학계 인사들 사이에서 소행성 충돌 위협에 관한 '이야깃거리'로 잠시 회자됐을 뿐 아무도 경험해본 적 없는 대형 참사를 미리 걱정해야 할 당위성을 입증하기란 쉬운 일이 아니었다.

1994년 클라크 채프먼과 데이비드 모리슨이 공동작성한 논문을 발표해 커다란 반향을 일으켰다. 이들은 논문에서 근지구소행성과 근지구혜성이 지구에 미칠 수 있는 위험에 대해 개략적으로 설명했다. 이들은 대형 충돌사건은 우리의 개인적 경험과는 거리가 멀지만 만일 일어난다면 이 결과는 상당히 심각할 수밖에 없다고 지적하면서 장기적으로 보면 우리에게 익숙한 항공기사고나 홍수, 토네이도 같은 다른 재난의 발생확률과 비교할 수 있다고 설명했다. 또한 전지구적인 재앙을 불러일으킬 수 있는 소행성의 최소 지름은 약 1.5킬로미터라고 밝혔다.

1990년 미 하원은 나사 다년도 수권법*에서 나사에 두 차례의 워크숍을 열어 소행성이나 혜성과의 충돌이 지구에 미치는 위협을 예측하고, 충돌재난 방지를 위한 개선책을 마련하라고 지시했다. 1992년 초, 그 첫 번째 워크숍 보고서가 발간됐다. 데이비드 모리슨을 의장으로 한 나사 우주방위조사보고서NASA Spaceguard Survey Report는 향후 25년 내에 1킬로미터보다 큰 근지구천체의 90퍼센트 이상 발견하는 것을 목표에 포함시켰다. 2년 후 미 의회 산하 과학기술위원회는 나사 수권법안 수정안을 통과시키면서 나사에 10년 내에 1킬로미터보다 큰 모든 근지구천체를 찾아내 목록화하는 프로그램 계획안을 1년 안에 작성해 보고하라고 지시했다.[9] 1995년 진 슈메이커가 의장을 맡은 또 다른 전문가 패널은 이 목표를 달성하기 위해 구경 2미터급 전용 망원경 두 대와 첨단화된 초점면 검출기focal plane detector를 탑재한 구경 1미터급 망원경 1~2대를 채택할 것을 권고했다.

여러 해 동안 국회의원들, 특히 캘리포니아 출신 하원의원이자 하원 과학위원회 의장인 조지 E. 브라운이 근지구천체에 관심을 표했다. 근지구천체 발견을 위한 노력은 1998년 5월 당시 나사 과학임무국 산하 태양계탐사본부 본부장으로 일했던 칼 필처가 의회 청문회에서 나사가 10년 내에 1킬로미터보다 큰 근지구천체의 90퍼센트 발견을 목표로 하는 탐사관측 프로

* 의회가 행정부에 법령을 제정할 수 있는 권한을 위임하는 법률을 말한다. 권리부여법, 전권부여법이라고도 한다.

그램에 착수할 거라고 발표하면서 비로소 추진력을 얻기 시작했다. 이 프로그램은 후에 나사 우주방위목표NASA's Spaceguard Goal라 불리게 된다.[10]

1998년 여름 나사는 근지구천체들을 발견하고 추적하고 그 물리적 특성을 조사하는 관측 프로그램에 착수했다. 나사 태양계탐사본부의 톰 모건이 여러 해 동안 이를 관리했다. 충돌로 전지구적인 영향을 미칠 수 있는 천체의 최소 크기가 1~2킬로미터라는 결론을 바탕으로 본격적인 작업이 시작됐다. 현재 그만한 소행성이 충돌할 확률은 극히 낮아 평균 70만 년에 한 번 정도지만, 그러한 사건이 미치게 될 영향은 어마어마해서 더 빈번하게 충돌을 일으키는 작은 천체들에 비해 장기적으로는 인류에 커다란 위협이 된다.

우주방위목표는 특정 크기의 천체를 규정하고 있다. 그런데 광학망원경을 쓰는 천문학자들은 소행성의 크기를 즉시 결정할 수 없고 반사도(또는 알베도albedo)를 가정해 간접적으로 추정한다. 예를 들어 근지구천체가 공 모양으로 생겼고 입사하는 햇빛의 14퍼센트만 반사한다고 가정하고, 겉보기밝기와 관측된 궤도를 분석해 지구와 태양과의 거리를 계산한 뒤 그 크기를 추정한다.

MIT 링컨연구소가 운영하는 링컨 근지구소행성연구The Lincoln Near-Earth Asteroid Research, 즉 리니어LINEAR 프로그램은 1킬로미터보다 큰 근지구천체의 대부분을 찾아냈다. 뉴멕시코 주 소코로 부근에서 진행된 이 프로그램은 CCD 검출기를 써서 관측 데이터를 빠르게 읽을 수 있도록 개선한 구경 1미터 망원경 두 대를 배치해 수행됐다. 이 시설은 과거 미 공군이 지구 궤도를 도는 위성을 감시하는 데 사용됐다.*

* 리니어 프로그램은 2013년 하반기부터 가동을 중단했다.

현재 근지구천체 발견에서 매년 선두를 달리는 곳은 애리조나 주 투손 부근의 카탈리나 전천탐사연구Catalina Sky Survey, CSS다.* 이 연구팀은 2004년부터 2011년까지 비글로우 산의 구경 0.74미터 망원경과 레몬 산의 1.0미터와 1.5미터 망원경, 호주 사이딩스프링의 0.5미터 망원경을 지속적으로 운용해왔다.[11]

나사의 우주방위목표가 1킬로미터보다 큰 근지구천체의 90퍼센트를 찾는 것이라면, 이에 해당하는 천체가 몇 개인지 어떻게 알 수 있을까? 약간의 추정이 필요하다. 독자들 중에 누군가 천문학자와 공동으로 몇 년 동안 근지구천체를 연구하고 있으며, 100개를 발견했다고 치자. 아주 잘 하기는 했지만, 그게 끝은 아니다. 이렇게 '발견된 것' 중에 90개, 즉 90퍼센트가 이미 보고된 것이라는 사실을 곧 깨닫는다. 그렇다면 1킬로미터급 근지구천체의 90퍼센트(즉 900개)가 이미 발견됐을 거라 추정할 수 있으며, 1킬로미터급 근지구천체의 전체 개수는 1,000개(100퍼센트)라고 추정할 수 있다.

훨씬 더 복잡한 분석을 해본 천문학자 (나이 많은) 앨런 W. 해리스에 따르면 1킬로미터보다 큰 근지구소행성의 실제 개수는 약 990개다. 앞뒤로 몇 십 개씩 편차는 있지만 이것이 일반적인 생각이다.[12]

* 2010년 하와이대학교와 미 공군이 공동운영하는 팬스타즈PanSTARRS가 하와이 할레아칼라에서 가동되기 시작해 2014년 하반기부터 카탈리나 전천탐사연구의 근지구천체 발견 실적을 앞서기 시작했다.

소행성센터와 제트추진연구소, 피사 궤도계산센터의 협력

근지구천체와 그 밖의 다른 태양계 천체의 위치정보는 별을 기준으로 측정되며, 매사추세츠 주 케임브리지에 있는 소행성센터Minor Planet Center, MPC로 전송돼 궤도를 계산하는 데 쓰인다. 국제천문연맹 산하 소행성센터는 대부분의 예산을 나사가 지원하며, 현재 팀 스파가 소장을 맡고 있다.* 소행성센터는 이 자료들을 수집하고 분석해 발견사실을 승인하고 개별 천체에 임시 이름을 붙인 뒤 캘리포니아 주 라캐나다에 있는 제트추진연구소 궤도계산센터와 이탈리아 피사대학교가 스페인의 바야돌리드대학교와 공동운영하는 근지구천체 역학 사이트Near-Earth Objects Dynamic Site, NEODyS, 그리고 일반에 공개한다.

소행성센터는 근지구천체들의 예비궤도를 계산한 뒤 보관 중인 컴퓨터 파일에 이를 수정할 수 있는 추가 관측자료가 있는지 확인한다. 또 새로 발견된 근지구천체 후보들을 인터넷 사이트에 게시해 후속 관측을 할 수 있도록 하며, 후속 관측을 위해 궤도력ephemerides**을 생성하는 등 다양한 임무를 맡고 있다. 소행성센터는 전세계 관측자들이 보고하는 어마어마한 양의 데이터를 정리하고 분석해 새로운 발견사실을 공표한다. 현재 매달 3,000개가 넘는 소행성대 소행성과 약 8개의 근지구천체들이 발견된다.***[13]

소행성센터에서 관측자료를 수집해 근지구천체의 예비궤도를 계산하

* 팀 스파는 최근 사임했으며, 매트 홀만이 소장을 맡고 있다.

** 천체의 미래 위치를 계산한 표를 말한다.

*** 최근에는 신규 관측시설들이 투입돼 한달 평균 100개가 넘는 근지구천체가 발견되고 있다.

면 이 자료는 제트추진연구소와 피사에 있는 궤도계산센터Pisa Trajectory Computation Centers로 각각 전송된다.

제트추진연구소가 소행성센터의 데이터를 입수하는 즉시 궤도를 결정하고 예측하는 자동 프로그램이 돌아가고, 각각의 근지구천체들이 앞으로 언제 얼마나 지구에 접근할지에 관한 정보는 즉시 근지구천체 웹사이트에 공개된다. 특히 소프트웨어 시스템이 다음 세기에 어떤 천체가 지구에 아주 가까운 거리를 두고 접근할 가능성이 있다고 감지하면 해당 천체는 센트리 시스템Sentry system에 등록되어 지구와의 충돌확률과 충돌시간, 상대 속도, 충돌에너지, 충돌재난수치 같은 자료가 계산된다.

센트리시스템에 의해 발령된 경보는 자동으로 제트추진연구소 근지구천체 프로그램 연구실Near-Earth Object Program Office 웹사이트(http://neo.jpl.nasa.gov)에 게시된다. 비교적 충돌확률이 높거나 충돌에너지가 크거나 충돌까지 시간이 얼마 남지 않은 천체들은 계산결과를 웹사이트에 등록하기 전에 이 결과를 검증하도록 센트리시스템이 담당자에게 자동으로 통보한다. 이때 담당자는 먼저 계산의 정밀도를 확인한 후 검증을 위해 NEODyS 팀원에게 이를 전송한다.

이 정도의 상황이라면 NEODyS에서도 벌써 비슷한 일들이 시작됐을 것이다. 만일 제트추진연구소 센트리시스템과 NEODyS 시스템이 똑같은 결과를 제시한다면 그 내용은 거의 동시에 제트추진연구소와 NEODyS 웹사이트에 게시된다. 센트리시스템과 NEODyS 시스템은 서로 독립적이기 때문에 이러한 비교검토는 주목할 만한 천체들에 대한 정보를 공개하기 전에 반드시 거쳐야 하는 중요한 확인절차가 된다.[14]

워싱턴 D.C.에 있는 나사 본부 산하 행성과학본부의 린들리 존슨이 현재 탐사관측과 후속 관측활동, 물리적 특성 분석을 포함해 근지구천체 프로그램 운영 전반을 담당하고 있다.

차세대 근지구천체 탐사활동

2003년 나사는 범위를 확대해 지름이 140미터보다 큰 근지구천체들까지 탐사관측할 것을 권고하는 근지구천체 과학임무 조사검토팀Science Definition Team 보고서를 공개했다.[15] 이 하한값은 아직 발견되지 않은 1킬로미터급 이하 충돌체에 의한 충돌위험을 90퍼센트까지 줄이기 위해 새로

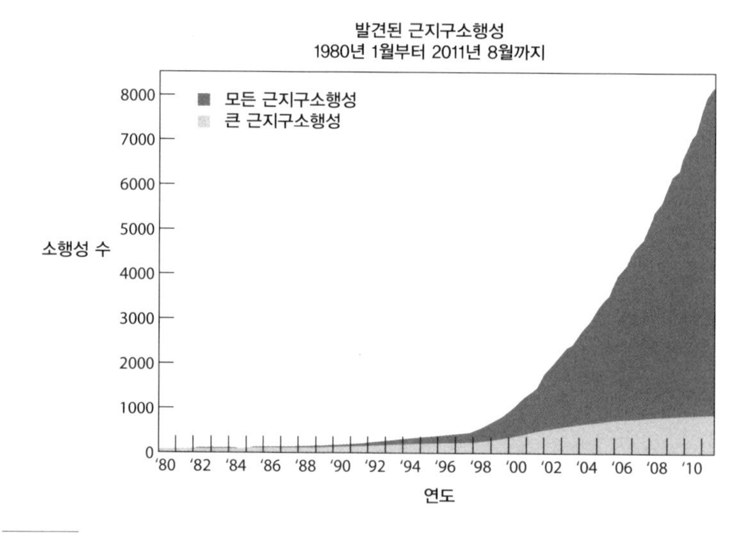

그림 5.5 1990년대 후반 이후 가파르게 치솟은 근지구소행성 발견 현황을 보여주는 그래프. 어두운 색 곡선은 해당 기간에 발견된 모든 크기의 근지구소행성 수를, 밝은 색 곡선은 해당 기간에 발견된 1킬로미터보다 큰 근지구소행성의 수를 나타낸다(나사/제트추진연구소–캘리포니아공과대학교, 앨런 체임벌린 제공).

운 탐사관측 목표로 채택됐다.

나사의 우주방위목표 덕분에 전지구에 걸친, 충돌 가능성 있는 천체들에 의한 아직 확인되지 않은 충돌위협이 10배 이상 줄어들었다. 여기에 새로운 우주방위목표에 바탕을 둔 탐사관측 프로그램이 90퍼센트까지 완료되면 모든 크기의 미발견 천체들에 의한 위협은 1998년 나사 근지구천체 프로그램이 시작되기 이전 수치의 1퍼센트 이하로 떨어진다. 지름이 140미터보다 큰 소행성은 지구 대기를 뚫고 땅에 충돌해 지역적인 파괴를 일으키거나 바다에 떨어져 치명적인 쓰나미를 일으킬 수 있다. 새로운 목표를 이루기 위한 활동들이 성공적으로 진행된다면 충돌 직전 우리가 가진 기술로 위험을 완화시킬 수 있는 시간을 확보한다는 측면에서 우리는 미발견 천체들에 의한 재난을 대폭 줄일 수 있다.

지상 관측시설을 이용하는 차세대 탐사관측 프로그램으로는 팬스타즈Panoramic Survey Telescope and Rapid Response System, PanSTARRS와 LSSTLarge Synoptic Survey Telescope가 있다. 팬스타즈는 미국 국방부의 개발예산으로 구축된다. 지난 2010년 가동하기 시작한 팬스타즈1은 단일구경의 1.8미터 망원경으로 미국 마우이 섬 할레아칼라 산 정상에서 운영된다. 팬스타즈팀은 새로 개발한 초대형 1.4기가 화소의 CCD 카메라를 이용해 매일 밤 정해진 지역(7제곱도(°)^2)을 두 번 촬영해 이 관측소에서 볼 수 있는 전체 하늘을 매달(28일) 세 번씩 스캔한다.[16] 이동천체는 처음 발견된 날 밤 두 번, 28일 안에 추가로 이틀 밤에 두 번씩 더 관측한다. 계획에 따르면 이와 똑같은 1.8미터 망원경이 하나 더 필요하고, 어쩌면 1.8미터 망원경 네 대를 같은 위치에 설치운영하는 팬스타즈4가 실현될지도 모른다. 팬스타즈4는 안시등급 22까지 상시 관측할 수 있도록 설계됐으며, 단일 망

원경을 쓰는 팬스타즈1에 비해 감도가 네 배 높은 영상을 얻을 수 있을 것으로 기대된다.[17]

미국 국립과학재단과 미국 에너지부, 개인 기부자를 비롯해 그밖에 많은 대학과 기관 후원자들이 LSST에 자금을 대고 있다. 이 망원경의 구경은 8.4미터로 9.6제곱도의 시야를 제공한다. LSST는 칠레 북부의 쎄로파촌 산에 설치되며, 추가로 필요한 예산이 확보될 경우 2018년에 '첫 영상'을 얻는다. 현재 계획으로는 사흘 밤에 한 번 전 하늘을 대상으로 겉보기등급이 24.7보다 어두운 별들까지 관측하게 된다.[18]

팬스타즈1이나 팬스타즈4, LSST 중 그 어느 시설도 근지구천체 전용으로 쓰이지는 않지만 이들 모두 근지구천체 발견을 주요 과학목표로 삼고 있다.

탐사망원경의 시야field of view에 구경을 곱한 값은 그 시스템을 이용해 얼마나 효율적으로 근지구천체를 검출할 수 있는지 나타내는 척도로 쓰인다. 현재 운영 중인 가장 효율적인 시스템은 이 값이 대략 2다. 팬스타즈1과 팬스타즈4, LSST가 목표를 달성할 경우 이 값은 각각 12, 51, 319가 된다. 당초 예정된 관측모드로 LSST를 가동한다면 17년 안에 140미터보다 큰 근지구천체의 90퍼센트를 찾을 것으로 예상되며, LSST를 근지구천체 탐사관측 전용으로 쓴다면 가동 이후 12년 만에 임무를 완수할 수 있다.

2005년 12월 말, 미국 의회는 나사에 140미터보다 큰 천체들에 대한 탐사관측 프로그램을 수행할 것을 권고했다. 그 1년 후 나사는 다른 우주국들과 협력해 앞으로 건설될 지상 광학관측시설과 탐사관측 전용 시스템을 활용할 경우 목표를 달성할 수 있을 것이라고 답했다.[19]

어두운 소행성은 적외선으로 볼 때 가장 밝게 나타난다. 따라서 태양을 중심으로 지구 안쪽을 도는 적외선 우주망원경은 지구와 궤도가 비슷한, 가장 위험한 천체들을 찾는 데 유리하며 목표 달성에 가장 효율적일 것으로 생각된다. 게다가 우주망원경은 날씨의 방해를 받지 않고 낮 시간에 햇빛 때문에 시간을 빼앗기는 일이 없다.

제트추진연구소의 스티브 체슬리와 볼에어로스페이스 사의 로저 린필드는 모의실험을 통해 금성과 비슷한 궤도를 도는 0.5미터 광시야 근적외선 우주망원경으로 새로운 우주방위목표를 얼마 만에 달성할 수 있는지 조사했다. 그 결과 0.5미터 근적외선 우주망원경 한 대만 쓸 경우 8년이 조금 넘는 기간에 걸쳐 140미터보다 큰 근지구천체의 90퍼센트를 찾을 수 있으며, 팬스타즈1을 동시가동하면 6년 만에, LSST를 함께 가동하면 4년 만에 그 목표를 달성할 수 있다고 설명했다.

지구 궤도 안쪽을 공전하는 적외선 우주망원경은 근지구천체들을 검출하는 데 가장 효율적인 시스템이라는 사실을 알 수 있다. 반면에 지상의 광학망원경은 유지보수가 간편하기 때문에 비용이 적게 들고 더 오래 간다. 가장 효율적이고 내실 있는 탐사관측 방식은 우주와 지상기반 시설을 조합하는 형태다.

광시야 적외선탐사 우주망원경Wide-field Infrared Survey Explorer, WISE은 2009년 12월 14일 발사되어 2010년 카메라의 냉매가 바닥날 때까지 10개월 동안 운영됐다. WISE는 그 후에도 냉매 없이 4개월을 '따뜻한 상태로' 가동되면서 진 하늘을 스캔하는 일을 두 차례 더 수행했다. 비록 이 망원경은 근지구천체 발견을 위해 설계된 것은 아니지만, 공동연구책임자인 에이미 메인저와 그녀의 팀은 프로그램을 잘 운영해 WISE가 수집한 모든 적외선 영상을 분석한 뒤, 매 영상마다 움직인 이동천체들을 찾아내 근지구천체와 혜성들을 검출했다. 이들은 14개월의 운영기간 동안 이전에 알려지지 않았던 근지구천체 135개와 혜성 21개를 어렵사리 찾아냈다.

NEOWISE라고 불리는 이 프로그램은 적외선 우주망원경이 근지구천체를 발견할 수 있다는 사실을 입증했다. NEOWISE 프로그램은 근지구천체를 더 많이 찾을 수 있었음에도 불구하고 이에 맞는 구경의 지상 광학망원경이 궤도를 결정하는 데 필요한 후속 관측을 제공하지 못하는 바람에 검출할 수 있었던 일부 천체들을 놓치고 말았다.*

가시광 영역에서 쓰이는 망원경은 소행성에 반사된 빛을 측정하지만 NEOWISE 관측은 적외선 영역에서 이루어지기 때문에 소행성이 방출하는 열을 측정한다. 그 결과 NEOWISE는 소행성 크기를 불과 10퍼센트, 반사율은 20퍼센트 오차범위 내로 계산할 수 있다. 광학망원경으로 소행성의 대략적인 크기를 알아내려면 반사율을 가정해야 하지만, NEOWISE로는 크기와 반사율을 훨씬 더 정밀하게 측정할 수 있다.

NEOWISE 관측은 크기가 100미터에서 수백 미터까지의 근지구천체의 수가 가시광 관측만으로 예측했을 때보다 훨씬 적다는 것을 보여준다. NEOWISE의 관측결과로는 지름 1킬로미터, 500미터, 140미터, 100미터보다 큰 근지구소행성의 수가 각각 980개, 2,400개, 1만 3,000개, 2만 500개로 예측된다. 반면 평균반사율을 14퍼센트로 가정하고 가시광으로 봤을 때 이 구간에 해당하는 근지구소행성의 수는 각각 990개, 3,300개, 2만 개, 3만 6,000개로 추산된다(표 8.1 참고).

만일 최근 발견된 근지구천체가 캘리포니아 남쪽에 있는 지름 70미터

* WISE는 NEOWISE로 이름이 바뀌어 근지구천체 관측에 투입되고 있으며, 지구 대기와의 마찰로 고도가 하강하기 시작하는 2017년까지 가동될 예정이다.

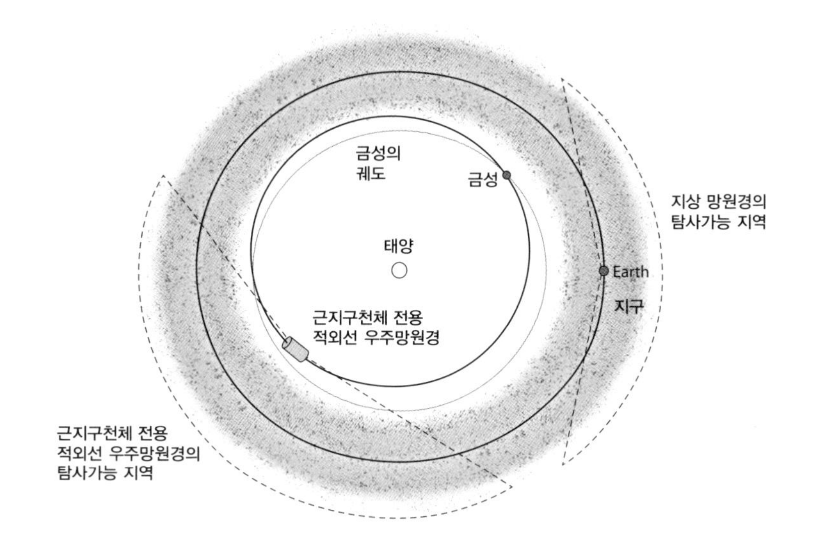

그림 5.6 이 그림은 적외선 우주망원경이 지상 관측시설에 비해 근지구소행성 발견에 효과적이라는 것을 보여준다. 이 그림에는 지상에서 관측 가능한 탐사지역이 표시되어 있는데, 지구는 3시 방향에 보인다. 이 지역은 태양을 기준으로 지구 궤도 안쪽에 있는 금성과 비슷한 궤도에서 8시 방향에 위치한 적외선 우주망원경의 넓은 탐사지역과 비교된다. 적외선 우주망원경은 지상 망원경과 비교해 어두운 근지구소행성을 더 쉽게 찾을 수 있으며, 지구보다 태양을 빨리 공전하면서 24시간 쉬지 않고 운용된다. 물론 지구 대기의 영향에서 자유롭기 때문에 배경 별들에 의한 효과도 적다.

골드스톤 안테나Goldstone antenna나 푸에르토리코 아레시보에 있는 지름 300미터 안테나를 이용해 후속 관측할 수 있을 정도로 지구와 가깝다면 우리는 그 천체의 궤도를 즉시 결정할 수 있다.

시선거리와 시선속도*를 이용한 레이더 관측을 가시광 관측과 동시에 수행한다면 굉장히 많은 과학적 사실을 알아낼 수 있다. 가시광 관측을 통해 우리는 관측자의 시선방향과 수직한 평면에서 천체의 위치를 알아낼 수 있

* 시선거리는 시선방향으로 잰 거리를 말하며, 시선속도는 운동하는 물체의 시선방향의 속도성분이다. 천문학에서는 관측자와 천체를 잇는 방향의 속도성분을 말하며, 도플러 효과를 이용해 구할 수 있다.

으며, 레이더 관측을 바탕으로 3차원 정보를 얻는다. 이때 거리는 불과 수 미터, 시선속도는 초당 1밀리미터라는 놀라운 정밀도를 갖는다.

제트추진연구소 존 조지니의 연구에 따르면 천체의 초기 궤도에 레이더 데이터가 포함되어 있을 경우 가시광 자료에만 의존할 때보다 향후 천체운동 예측기간을 평균 다섯 배 이상까지 정밀하게 추정할 수 있어 천체를 잃어버릴 가능성이 없어진다. 하지만 한 천체가 두 차례 이상 근일점을 지나는 동안 측정된 가시광 자료가 있다면 레이더 관측으로 얻는 궤도개선 효과는 그렇게 크지 않다.

레이더 관측을 통해 우리는 천체의 궤도를 극적으로 개선시킬 수 있을 뿐 아니라 자전과 표면 특성은 물론 광학망원경에 비해 탁월한 정밀도로 그 형상을 재구성할 수 있다. 다음 장에서는 지상과 우주기반 관측, 레이더 관측을 기초로 그동안 근지구소행성과 근지구혜성에 대해 알아낸 사실들을 살펴본다.

6장

—

소행성과 혜성, 그것이 알고 싶다

소행성들은 먼지보다 오래되었다.

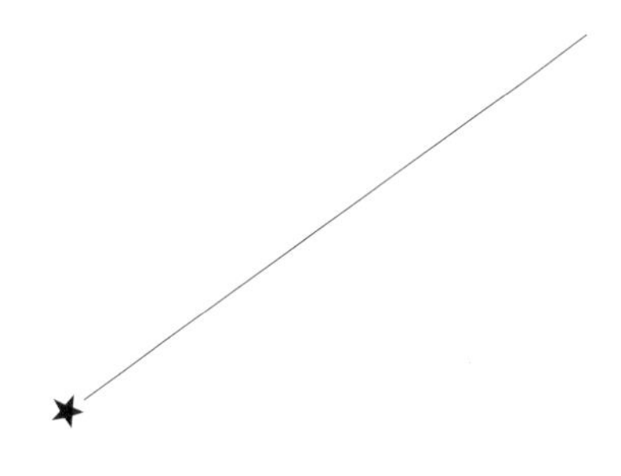

도널드 덕과 스크루지 맥덕이 맨 처음 거기에 갔다

비디오게임이나 휴대폰, 인터넷이 없던 1960년에는 젊은이들 대부분 만화책에서 즐길거리를 찾았다. 디즈니의 도널드 덕과 그의 삼촌이자 엄청난 부자인 스크루지 맥덕은 만화책의 영웅이었다. 1960년 '우주의 섬들Islands in the sky'이라는 제목으로 출간된 만화책에서 도널드 덕과 스크루지 삼촌, 도널드의 조카인 휴이, 듀이, 루이는 스크루지 삼촌이 얼마 전에 구입한 중고 우주선 스카이피시 스페이스웨건skyfish spacewagon을 타고 소행성대로 여행을 떠난다. 그들의 임무는 스크루지 삼촌이 돈을 안전하게 보관할 수 있는 작고 아무것도 없는 암석 소행성을 찾아내는 것이다. 그들은 소행성대를 탐사하다가 집채보다 작고 특이하게 생긴 소행성들을 발견했다. 우주 유영을 하던 도널드 덕은 마침내 달이 딸린, 석탄재와 돌멩이가 '단단하게 들러붙어 있지도 않은!' 소행성을 발견해 몸을 날리듯이 뛰어내렸다.

그렇다. 그 옛날 도널드 덕 일행은 소행성들이 아주 다양하게 생겼으며,

어떤 것은 달이 돌고 있고, 어떤 것은 응집력이 거의 없어 구멍이 숭숭 뚫린 돌무더기라는 사실을 알아냈다.[1] 지구의 과학자들은 도널드 덕 가족이 그 시절에 알아낸 사실에 도달하는 데 몇 십 년을 더 기다려야 했다.

돌무더기로 된 소행성들

태양계 형성 초기에 암석조각들은 느린 속도로 충돌해 합쳐졌고, 이렇게 만들어진 암석덩어리들이 커지면서 더 큰 소행성으로 성장해갔다. 이 미행성들이 충분히 컸다면 자체 중력으로 구에 가까운 모양이 됐을 것이다. 일부 소행성은 니켈-철로 된 핵과 이를 둘러싼 규소질 맨틀, 작은 소행성들이 부딪혀 구덩이가 만들어질 때 튀어나온 암석물질들이 표면을 덮은 지각으로 이루어진 층상구조라는 강력한 증거가 있다. 이처럼 천체가 층상구조로 진화하는 것을 분화differentiation된다고 한다.

지구는 이처럼 분화됐으며, 몸집이 큰 소행성 베스타도 분화됐다는 증거가 있다. 층상구조로 된(또는 분화된) 소행성들은 젊었을 때 굉장히 뜨거웠고, 당시 열로 용융됐던 중금속은 밑으로 가라앉아 핵이 됐다. 태양계 형성 초기에 그 열이 어떻게 생겨났는지는 확실하지 않지만, 알루미늄(^{26}Al) 동위원소가 마그네슘 동위원소(^{26}Mg)로 방사성 붕괴를 일으키면서 방출됐을 가능성이 높다. 불안정한 원소인 ^{26}Al이 자발적으로 ^{26}Mg으로 붕괴될 때 열에너지가 나온다. 소행성에 있는 알루미늄 대부분은 안정적인 ^{27}Al이지만, ^{26}Al이 미량만 포함되어 있어도 붕괴과정에서 지름 수킬로미터인 소행성 전체를 완전히 녹여버릴 만한 열을 만들어낼 수 있다.

그림 6.1은 하나는 분화되어 있고 다른 하나는 단일 암석인 두 개의 커다란 소행성이 부딪혀 완전히 부서졌을 때 어떤 일이 일어나는지 보여준다. 충돌결과 각기 다른 소행성 파편들이 만들어진다. 작고 단단한 암석조각도 있고, 석철질 조각과 돌무더기들, 단단한 니켈-철 덩어리도 있다.

5만 년 전 50미터급 금속덩어리 하나가 애리조나 사막에 충돌해 애리조나 운석구덩이를 만들었고, 주변에 온통 니켈-철 성분의 운석들을 뿌려 놨다(그림 4.1 참고). 또 아령 모양을 한 216 클레오파트라Kleopatra에 전파를 쏜 뒤 그 표면에 반사되어 돌아온 전파를 조사하니 표면이 금속이라는 것을 알 수 있었다. 지금까지 수집된 운석들 대부분은 니켈-철 성분의 금속질이다. 이로부터 운석의 모체였던 소행성이 오래 전 다른 소행성과 충돌해 파괴되기 전에 금속질 핵이 있었다는 사실을 알 수 있다.[2]

일부 작은 소행성들은 충돌로 균열된 단단한 암석이거나 돌무더기라는

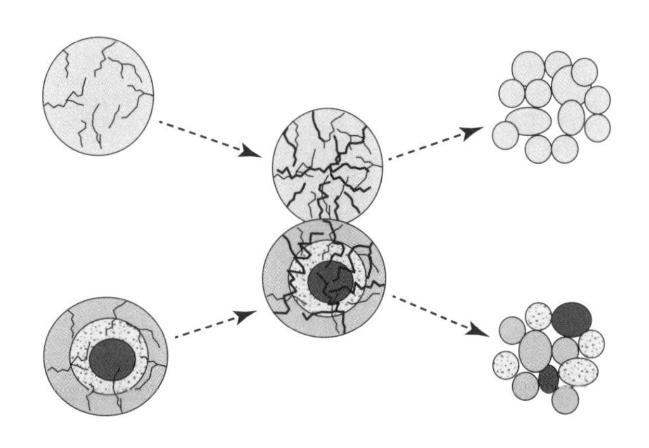

그림 6.1 다양한 종류의 소행성과 그 조각들이 운석이 되어 지구에 떨어지기까지의 경로를 나타낸 그림이다. 층상구조로 분화된 소행성과 분화되지 않은 규소질 소행성이 충돌해 그보다 작은 소행성들이 만들어지고 그 일부는 운석이 된다. 충돌로 만들어진 파편은 규소질 소행성이나 분화된 소행성들의 특성을 보일 수 있다. 즉 구성물질이 단단하게 뭉쳐지지 않은 최상층, 철이 포함된 석질의 중간층, 철-니켈로 된 금속질 핵의 특성들을 보여준다.

것이 확인된다. 대형 근지구천체인 433 에로스는 길이 34킬로미터의 균열 있는 암석질 소행성인 것으로 보인다. 하지만 큰 소행성은 대부분 자체 중력보다 약간 더 센 힘으로 결합된 돌무더기이거나 또 다른 형태의 천체일 가능성이 크다. 그렇다면 돌무더기 소행성rubble pile asteroid이란 과연 무엇일까?

1970년대 후반까지만 해도 행성과학자들은 대부분 소행성이 자전하는 하나의 암석이라고 생각했다. 1977년 행성과학자인 클라크 채프먼과 돈 데이비스는 소행성 가운데 일부는 충돌로 만들어진 파편이거나 약하게 결합된 돌무더기일 가능성이 있다고 말했다. 그들은 암석질 소행성이 천천히 충돌해 부서지는 데 드는 에너지가 충돌이 일어난 후 생긴 파편들을 완전히 분산시키는 데 드는 에너지보다 훨씬 작을 거라고 예상했다. 그러므로 한 소행성이 다른 소행성과 충돌해 산산조각이 났다면 모든 파편이 완전히 행성간공간으로 퍼지기보다 다시 약한 결속력으로 결합해 파편 무더기가 될 가능성이 높다.

돌무더기 천체가 트럭에 가득 실은 돌을 들판에 쏟아부었을 때 볼 수 있는 그런 형태일 거라고 말하는 과학자들도 있다. 또 어떤 학자들은 돌무더기는 비록 약하게 결합되어 있지만, 큰 뭉치들 사이에 작용하는 마찰력과 작은 입자들 사이의 정전기력 때문에 생기는 일종의 인장장력이 작용할 거라고 생각한다. 콜로라도대학교 천체역학 전문가인 댄 쉬어스에 따르면 소행성의 중력이 굉장히 약하다는 것은 표면입자들이 아주 가볍다는 뜻이다. 그렇기 때문에 돌무더기 지름이 약 1미터가 넘기 전까지는 그 사이에 작용하는 정전기력(일명 반데르발스 힘)은 그 사이에서 서로 잡아당기는 중력과 같다. 그러므로 돌무더기 소행성에도 일종의 결합력이 있다. 반데르발스 힘은 밀가루 반죽이 무너지지 않고 모양을 지탱하는 원인이기도 하다. 댄쉬어스는 작은 소행성 표면에 있는 자갈이나 돌들도 이처럼 밀가루와 비슷할 거라고 말한다.

일부 소행성의 밀도가 대단히 낮은 것은 돌무더기로 되어 있기 때문이다. 1997년 니어 슈메이커 탐사선이 66킬로미터의 소행성 253 마틸드 Mathilde에 접근해 지나갈 때 과학자들은 그 궤도가 얼마나 변했는지 측정해 질량을 계산했다. 소행성이 무거울수록 중력이 세고 따라서 탐사선의 궤도가 더 크게 변한다. 마틸드의 부피는 탐사선이 접근할 때 찍은 여러 장의 영상으로 재구성한 형상모형을 바탕으로 계산했다. 마틸드의 질량을 부피로 나누어 밀도를 구하니 세제곱센티미터당 1.3그램g/cm^{3}이다. 물의 밀

그림 6.2 1997년 6월 니어 슈메이커 탐사선이 촬영한 소행성 253 마틸드. 마틸드의 반지름과 맞먹는 네 개의 거대한 충돌구가 찍힌 사진도 있다. 마틸드의 긴 축 길이는 66킬로미터다. 마틸드는 C형 소행성으로 탄소기반 물질이 풍부하고, S형의 규소질 소행성이나 그보다 희귀한 M형의 철-니켈 소행성보다 밀도가 낮다(나사 및 존스홉킨스대학교 응용물리연구소 제공).

도가 세제곱센티미터당 1그램이므로 마틸드의 밀도가 조금만 더 낮았다면 (물을 담은 그릇이 아주 크긴 해야겠지만) 이 소행성은 물 위로 뜰 것이다. 마틸드는 이처럼 희한하게 밀도가 낮은 데다 공극률*이 60퍼센트가 넘는다. 이로부터 우리는 마틸드가 자신의 반지름보다 큰 충돌구가 생길 만큼 커다란 소행성들과 여러 번 충돌했음에도 살아남은 이유를 알 수 있다.

이 구덩이들은 거대했다. 그래서 처음에는 암석질 소행성이 어떻게 그렇게 심각한 충돌을 겪고서도 산산조각 나지 않고 버틸 수 있었는지 의문이었다. 그 원인을 처음으로 집어낸 사람이 진 슈메이커다. 마틸드가 그렇게 거대한 충돌에서도 살아남은 유일한 이유는 엄청나게 높은 공극률이다. 마틸드 내부의 단단한 덩어리들 사이에 있는 충분한 공간이 충돌에너지를 소행성 전체에 전달하지 않고 흡수해버렸다. 만일 마틸드가 단단하고 조밀한 한 덩어리의 암석 천체였다면 살아남지 못했을 것이다. 커다란 망치로 벽돌을 쿵 때리면 벽돌이 여러 조각으로 깨지지만, 모래더미는 때려봤자 그저 커다란 자국만 남는 걸 생각하면 된다. 결합력 약한 모래더미의 공극률은 약 40퍼센트로, 빈 공간이 40퍼센트, 모래가 60퍼센트다. 마틸드의 공극률은 약 60퍼센트로 추정되는데, 내부에 커다란 빈 공간이 있어서 그런 건지, 아니면 작은 빈 공간이 많아서 그런 건지는 분명하지 않다.

2005년 9월 하야부사Hayabusa 탐사선은 근지구소행성 25143 이토카와Itokawa에 다다랐다. 탐사선은 소행성에 도착하자마자 과거에 끔찍한 충돌로 산산조각 났다가 다시 뭉쳐진 것으로 보이는, 돌무더기로 된 그 울퉁불퉁한 표면을 촬영했다. 이 소행성은 두 개의 암석질 덩어리가 매끄럽게 연결되어 있었으며 충돌구는 거의 보이지 않았다. 오히려 작은 소행성들이

* 암석이나 퇴적물 전체 부피에 대한 빈 공간의 비율을 말한다.

그림 6.3 일본의 하야부사 탐사선은 2005년 가을, 근지구소행성 25143 이토카와를 광범위하게 조사했다. 이 소행성은 일본 로켓공학의 아버지 이토카와 히데오의 이름을 따 명명됐고, 하야부사는 일본어로 매라는 뜻이다. 사진에서 보는 것처럼 이토카와는 표면이 매우 거칠고, 오래 전 이 소행성이 만들어질 때 부딪혀 결합된 두 개의 큰 덩어리로 이루어져 있다. 이로부터 이 소행성은 돌무더기로 되어 있다는 것을 알 수 있다. 이토카와는 S형 규소질 소행성에 속한다(일본 우주항공연구개발기구JAXA 제공).

끊임없이 부딪혀 표면을 뒤흔들어 놓는 바람에 모든 것이 고르게 잘 자리 잡은 것처럼 보였다. 지진에 의한 진동 덕분에 앞선 충돌로 생긴 구덩이는 다시 표토로 메워졌다. 하야부사가 이토카와의 표면 특성을 알아내기 위해 스펙트럼을 조사해보니 가장 흔한 운석, 즉 오디너리 콘드라이트ordinary chondrite의 구성성분인 감람석과 휘석 같은 광물질로 되어 있었다.

하야부사는 당시 추진기와 통신문제뿐 아니라 제어용 추진제가 바닥난 데다 배터리가 방전되는 등 심각한 상황이었다. 그럼에도 2010년 6월 하야부사는 이 모든 난관을 극복해 지구로 귀환했고 이토카와 표면에서 수거한 먼지입자 수천 개가 담긴 캡슐은 호주 오지에 안착했다.

과학자들은 먼지 시료를 분석해 이토카와가 LL 콘드라이트 운석 성분으로 이루어진 천체라는 것을 알아냈다. 이토카와는 과거에 뜨겁게 가열됐었고, 그 성분은 전체적으로 태양의 초기 성분과 거의 비슷하다는 사실도 알아냈다. LL은 철은 물론이고 대체로 금속성분이 적다는 뜻이다. MIT의 리처드 빈젤과 동료들은 이미 2001년 지상 망원경으로 이토카와의 스펙트럼을 관측해 이 소행성이 LL 콘드라이트와 비슷하다는 결과를 제시한 바 있다. 과학자들은 앞으로 몇 년간 실험실에서 이 먼지입자들을 종합적으로 분석할 것이다.

과학자들은 마틸드가 격렬한 충돌에도 파괴되지 않고 충격을 흡수했다는 사실과 이토카와 표면이 울퉁불퉁하다는 사실이 두 소행성이 돌무더기로 이루어졌다는 걸 명백하게 증명한다고 생각한다. 그런데 이 소행성들이 돌무더기라는 사실을 뒷받침해주는 가장 강력한 증거는 따로 있다. 바로 자전 특성이다.

자전하는 암석들

멀리 있는 소행성에서 온 빛의 미세한 변화를 관측하는 데 상당히 긴 밤시간을 쏟아 붓는 아마추어 천문가들이 있다. 이들 대부분은 이름만 아마추어지 실제로는 전문가나 마찬가지다. 이들은 소행성의 자전 특성을 알아내는 작업을 굉장히 정밀하게 수행한다.

볼링 핀처럼 생긴 소행성을 떠올려보자. 실제로 태양계에는 볼링 핀처럼 생긴 소행성이 여럿 있다. 태양이 볼링 핀 모양의 소행성을 비추면 빛은 소행성 표면에 반사되어 우리 눈에 들어온다. 이때 관측자가 바라보는 부분이 그 소행성의 넓은 면인지 좁은 면인지에 따라 밝기가 달라진다. 즉 좁은 면보다 넓은 면이 우리를 향할 때 더 밝게 나타난다. 완벽하게 던진 미식축구 공은 그 긴 축을 중심으로 나선운동을 하지만, 자연은 물체가 가장 짧은 축을 중심으로 도는 것을 선호한다.

천문학자들은 소행성이 자전할 때 표면에 반사된 빛이 시간에 따라 변하는 양(또는 광도곡선)을 세심하게 관찰해 자전주기를 알아낸다. 오랜 시간 관측자료가 쌓이면 그 자료와 가장 편차가 작은 자전축 방향도 찾을 수 있다. 소행성의 자전주기는 짧게는 30초 미만에서 길게는 몇 주에 이르기까지 넓은 범위를 갖는다. 놀라운 것은 지름이 150미터보다 큰 경우 자전주기는 대체로 두 시간보다 길지만, 150미터보다 작은 소행성은 대부분 두 시간보다 짧다. 게다가 웬만큼 크면서 자전속도가 빠른 소행성은 대부분 위성을 거느리고 있다. 도대체 왜 그럴까?

암석으로 된 S형 소행성의 밀도는 세제곱센티미터당 약 2.5그램이라고 생각된다. 예컨대 니어 슈메이커가 접근 탐사한 S형 소행성 에로스는 밀도가 세제곱센티미터당 2.6그램이다. 소행성이 단단한 바윗덩어리로 되어 있다면 어떤 속도로 자전하든 전혀 문제가 되지 않는다. 하지만 느슨하게 결합된 구에 가까운 돌무더기 소행성이 산산조각 나지 않으려면 하루 11번까지만 돌 수 있다. 따라서 돌무더기 소행성이라면 하루 11번 자전(또는 자전주기 약 2.2시간)이라는 장벽은 절대로 넘을 수 없다. 그리고 실제로 그렇다!

암석질 소행성은 거의 다 돌무더기가 맞지만, 구 모양이 아닌 것도 많고 어느 정도 결합력도 있다. 게다가 빠르게 자전하는 커다란 소행성이나 느리게 자전하는 작은 소행성이 있는 것도 사실이다. 그렇다고 해도 그림 6.4

를 보면 실제로 큰 소행성들 대부분이 두 시간보다 빨리 돌지 않는, 일종의 한계가 존재한다는 것을 알 수 있다.

빠른 속도로 자전하는 결합력 약한 작은 소행성은 그 적도지역에 있는 물질들이 떨어져나간 뒤 다시 결합해 그 소행성의 위성이 될지도 모른다. 그림 6.5는 적도지역이 치솟은 모습이 분명한 짝소행성 66391 1999 KW4의 레이더 영상이다. 이 소행성은 현재 자전주기가 약 2.8시간이지만, 그 한쪽 면이 다른 쪽 면보다 햇빛을 더 많이 재방출해 생기는 각속도의 증가(요프 효과)로 인해 과거에는 더 빨리 자전했을지도 모른다. 그 결과 결합력이 약한 물질들은 극지역에서 적도지역으로 굴러 내려갔을 테고, 마침내 표면에서 떨어져 나가 위성으로 다시 결합됐다.

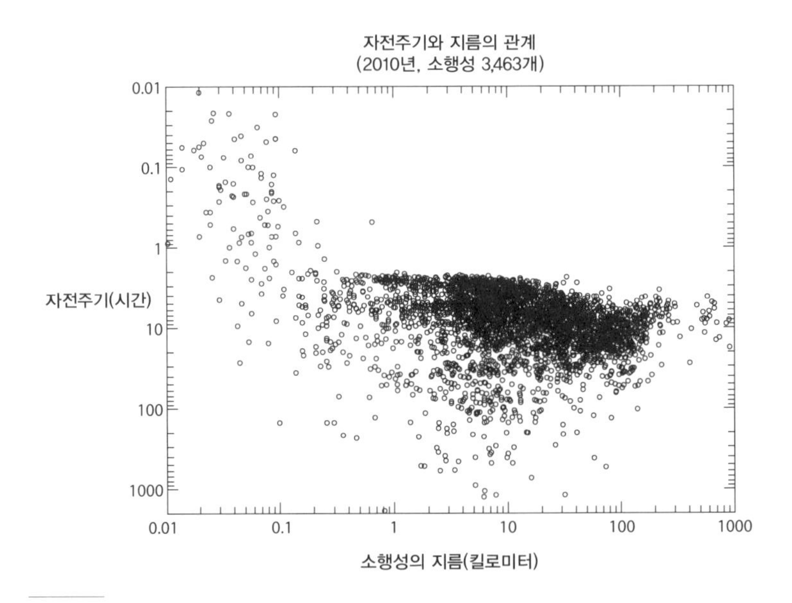

그림 6.4 소행성의 자전주기와 크기의 관계를 나타낸 그림. 자전주기가 두 시간보다 짧고 150미터보다 큰 소행성은 그 수가 적음을 확인할 수 있다. 마찬가지로 자전주기가 두 시간보다 긴 소행성 가운데 150미터보다 작은 것도 거의 없다(앨런 W. 해리스 제공).

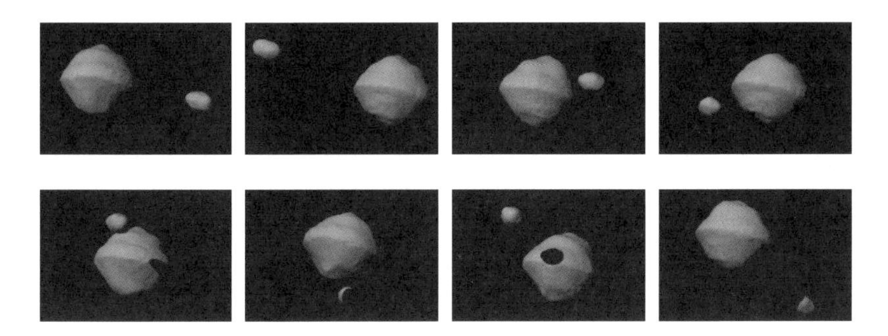

그림 6.5 2001년 5월 얻은 근지구소행성 66391 1999 KW4의 레이더 영상. 적도 부근이 불룩하게 튀어나온 큰 소행성과 그보다 작은 소행성으로 이루어진 짝소행성이다. 주 소행성과 위성의 긴 축은 각각 1.6킬로미터, 0.6킬로미터다. 위성은 주 소행성에서 2.5킬로미터 떨어져 약 17.4시간에 한 번씩 주 소행성을 공전한다(나사/제트추진연구소-캘리포니아공과대학 제공).

근지구소행성 가운데 적어도 15퍼센트는 위성이 있다. 또 어떤 천체는 위성을 두 개 거느리고 있기도 하고, 크기가 비슷한 두 개의 덩어리로 이루어진 소행성도 있다. 이들은 한때 위성을 거느렸거나 두 개의 천체로 된 소행성계였지만, 지금은 하나로 합친 소행성일지도 모른다.

레이더 영상이 찍은 근지구소행성

푸에르토리코 아레시보와 캘리포니아 남쪽 모하비 사막의 골드스톤 단지에는 근지구천체를 추적하는 레이더 시설이 있다. 과학자들은 근지구천체가 이 시설들을 쓸 수 있을 만큼 지구에 접근하면 그 형상과 자전 특성을 놀라울 정도로 자세히 알아낼 수 있다.

연구자들은 레이더로 천체에 전파를 보낸 뒤 목표물에 도달한 신호가 반사되어 수신기로 돌아오는 시간을 측정한다. 광속은 우리가 정확하게 알고 있으므로(약 초속 30만 킬로미터) 흔히 레인지range라고 하는, 소행성의 지구와 가장 가까운 반사지점까지의 거리를 수미터의 정밀도로 알아낼 수 있다.[3] 그런데 소행성은 자전하기 때문에 레이더 신호를 반사하는 지점이 계속 바뀌며, 그때마다 거리가 달라진다. 짧은 축을 중심으로 도는 볼링 핀을 생각해보자. 볼링 핀의 짧은 쪽 끝에서 신호가 반사되면 길고 넓은 면에서 반사될 때보다 빛의 왕복시간이 짧다.

과학자들은 레이더를 이용해 레이더와 소행성을 잇는 직선방향으로 소행성이 움직이는 속도, 즉 시선속도를 측정한다. 레이더를 기준으로 소행성의 한 면이 다가오는 경우 주파수가 높아지고, 정지된 면에 대해서는 변화가 없으며, 멀어지는 경우 주파수가 낮아진다. 이를 도플러 이동Doppler shift이라고 한다.

소행성 표면에 반사되어 돌아온 레이더 신호와 가시광으로 얻은 광도곡선을 꼼꼼하게 분석하면 자전주기와 축의 방향, 위성의 존재 여부는 물론 형상모델도 얻을 수 있다. 천문학자들은 또 레이더를 이용해 표면이 얼마나 거친지, 금속은 얼마나 많은지 분석하기도 한다.[4]

소행성대 소행성 216 클레오파트라는 레이더 영상을 통해 금속과 암석이 약하게 결합되어 있고, 긴 축이 200킬로미터가 넘는 아령 모양의 소행성이라는 것을 알아냈다(그림 6.6). 2008년 9월 파리천문대의 파스칼 데샹, 캘리포니아대학교 버클리 캠퍼스의 프랭크 마르키스와 그 동료들은 하와이 마우나케아 정상에 있는 구경 10미터의 켁2Keck II 망원경으로 클레오파트라에 지름이 각각 5킬로미터와 3킬로미터인 두 개의 위성이 딸려 있다는 사실을 알아냈다. 두 위성에는 안토니우스가 아버지인 클레오파트라의

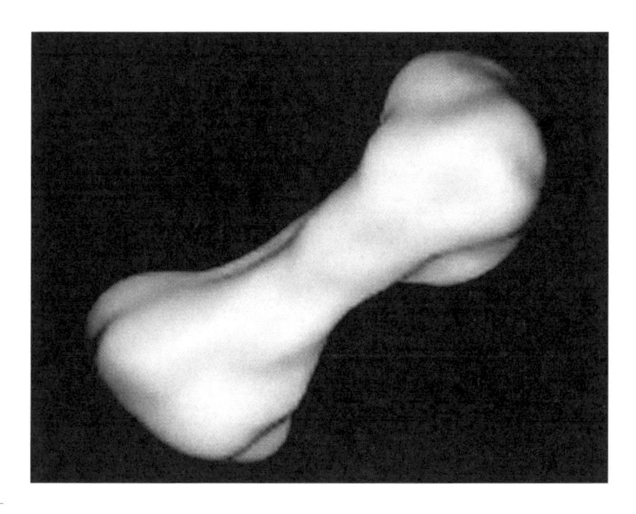

그림 6.6 1999년 11월 촬영한 소행성대 소행성 216 클레오파트라의 레이더 영상. 레이더 관측을 통해 이 소행성이 개뼈다귀 모양을 하고 있으며, 표면이 금속질이라는 사실이 밝혀졌다. 클레오파트라는 M형 소행성이고, 그 가로, 세로, 높이는 217x94x81킬로미터다(나사/제트추진연구소-캘리포니아공과대학 제공).

쌍둥이 자녀, 알렉산더 헬리오스와 클레오파트라 셀레네 2세의 이름을 따 알렉스헬리오스Alexhelios와 클레오셀레네Cleoselene라는 이름이 붙었다.

탐사선에서 직접 촬영하면 실제와 가장 가까운 형상모델을 구할 수 있다. 표 6.1은 탐사선의 소행성 접근일자, 접근거리, 탐사임무, 최대 건판척도*를 개략적으로 보여준다. 소행성 표면에 있는 지형이 몇 개 화소에 걸쳐 찍히는 경우 우리는 그 지형을 분해해서 볼 수 있다. 예를 들어 소행성 951 가스프라Gaspra를 촬영한 영상에서 최대 건판척도는 54미터다. 따라서 갈릴레오Galileo 탐사선 영상으로 가스프라 표면에 있는 150미터에서 200미터 정도로 작은 물체까지 식별이 가능했다.

* 건판척도란 한 개의 화소에 들어오는 실제 물체의 크기(또는 각 크기)를 나타낸다. 최대 건판척도는 우주선이 소행성에 가장 가까이 접근했을 때 카메라에 찍힌, 화소 한 개에 들어오는 소행성 표면의 거리를 미터 단위로 나타낸 것이다.

표 6.1 소행성 탐사임무

이 표는 소행성에 접근한 여러 탐사선들의 최대 건판척도, 접근통과 일자, 접근거리를 보여준다.

천체 이름	최대 건판 척도(미터)	탐사임무	접근통과, 도착 또는 접근비행 일자	접근거리 (킬로미터)
951 가스프라	54	갈릴레오[1]	1991년 10월 29일	1,600
243 이다/댁틸	30	갈릴레오	1993년 8월 28일	2,391
253 마틸드	160	NEAR[2]	1997년 6월 27일	1,212
433 에로스	0.05	NEAR	2000년 2월 12일	랑데부 및 착륙
9969 브레일[3]	120	DS1	1999년 7월 29일	28
5535 안네프랑크[4]	185	스타더스트	2002년 11월 2일	3,079
2867 스타인	80	로제타[5]	2008년 9월 5일	803
21 루테티아	60	로제타	2010년 7월 10일	3,162
25143 이토카와	0.06	하야부사[6]	2005년 9월	랑데부 및 착륙
4 베스타	20	던[7]	2011년 7월	랑데부
1 세레스	70	던	2015년 2월	랑데부

1 갈릴레오 탐사선은 소행성 가스프라와 이다Ida를 접근 통과했다. 가스프라와 이다의 긴 축 길이는 각각 19킬로미터와 54킬로미터고, 1.6킬로미터 크기의 위성(댁틸Dactyl)이 이다를 공전한다는 사실이 밝혀졌다. 댁틸은 많은 소행성 위성들 가운데 처음으로 발견됐다.

2 근지구소행성 랑데부Near-Earth Asteroid Rendezvous, NEAR 임무는 마틸드에서 이 소행성 반지름 크기와 맞먹는 충돌구 네 개를 발견했다. 2000년 니어 슈메이커 탐사선은 근지구천체 에로스 주위를 선회하며 약 1년을 보내다가 에로스 표면에 착륙했다. 마틸드는 긴 축 길이가 66킬로미터로 구형에 가깝고, 에로스는 긴 축이 34킬로미터로 두툼한 소시지와 비슷하게 생겼다.

3 긴 축 길이가 2킬로미터인 브레일Braille은 자전주기가 226시간으로 길다. 접근통과 거리는 28킬로미터였지만, 딥 스페이스1Deep Space1, DS1 탐사선은 1만 3,500킬로미터 거리에서 이 천체를 촬영했다.

4 소행성 안네프랑크Annefrank는 긴 축이 6.6킬로미터인 타원체에 가깝다.

5 유럽우주기구European Space Agency, ESA의 로제타Rosetta 탐사선은 추류모프-게라시멘코Churyumov-Gerasimenko 혜성으로 가는 도중 소행성 스타인Steins과 루테티아Lutetia를 접근 통과했다. 스타인은 긴 축이 6.7킬로미터이고, 협각카메라와 광각카메라 둘 다 이용해 촬영했지만 가장 가까이 접근했을 때는 협각카메라의 셔터에 문제가 생겨 영상을 얻지 못했다. 루테티아의 긴 축은 130킬로미터다.

6 2005년 11월 하야부사 탐사선은 근지구소행성 이토카와 표면에 두 차례 착륙했다. 착륙을 시도할 때마다 시료채취 장치가 고장나기는 했지만, 2010년 6월 13일 하야부사는 표면과 접촉해서 공중에 뜬 먼지입자들을 회수해 지구로 가져왔다.

7 던DAWN 탐사선은 2011년 7월 소행성 베스타와 랑데부했고, 2015년 왜소행성 세레스와 랑데부할 계획이다.*

* 2015년 3월 던 탐사선은 세레스에 접근하는 데 성공했다.

근지구천체의 소수파, 혜성

단순히 숫자로만 따지면 혜성은 근지구천체의 1퍼센트에 지나지 않는 소수집단이며, 나머지 99퍼센트는 소행성들이 차지한다. 혜성의 궤도는 보통 두 종류로 나뉜다. 목성의 중력이 궤도운동에 영향을 미치는 단주기혜성과 아주 먼 거리에 있는 오르트구름을 떠나 내태양계로 들어오는 장주기혜성이다.

소행성은 충돌과정에서 구조가 결정되지만, 혜성은 얼음이 기화되어 그 안에 갇혔던 작은 입자들이 날아가 없어지면서 구조가 변한다. 소행성이 충돌로 산산조각 나기까지 수백만 년이 걸리는 반면, 구조적으로 연약한 혜성은 휘발성 얼음이 증발해버리거나 먼지가 그 위를 층층이 덮어 얼음을 가두기까지 아주 짧은 시간 동안만 버틴다. 어느 쪽이든 혜성은 활동성을 잃고, 결국 소행성이 된다. 겉보기에는 활동성이 혜성과 일부 소행성을 구분 짓는 유일한 차이인 것 같다. 혜성은 가스와 먼지를 잃는 활동성을 보이지만, 소행성은 그렇지 않다. 모든 근지구소행성 가운데 15퍼센트는 한때 혜성이었거나 휴면기에 접어든 혜성일 것으로 추정된다. 혜성의 운명 중에는 이처럼 소행성으로 변하는 것도 포함된다.

혜성은 극적으로 차례차례 쪼개져 완전히 분열된 뒤 먼지구름으로 끝나는 경우도 있다. 2006년 허블우주망원경은 단주기혜성인 73P/슈바스만-바흐만3 Schwassmann-Wachmann3의 핵이 연속해서 파괴되는 모습을 관측했다.

어떤 혜성이든 내태양계로 들어오면 파괴될 가능성이 있다. 목성이나 태양에 접근해 조석효과로 파괴되는 몇 가지 예를 제외하면 혜성이 왜 그렇

그림 6.7 2006년 4월 18일 허블우주망원경이 담은 혜성 73P/슈바스만-바흐만3가 붕괴되는 모습(나사 및 유럽우주기구의 H. 위버(존스홉킨스대학교 응용물리연구소), M. 머츨러, Z. 르베이(우주망원경연구소) 제공).

게 되는지, 그 메커니즘은 잘 알려져 있지 않다.[5] 그럼에도 혜성이 산산조각 나는 것은 사실이고, 그 핵이 부스러지기 쉬운 것은 틀림없다. 만일 누군가 혜성의 핵을 한줌 손에 쥔다면 살짝 뭉쳐 놓은 눈덩어리처럼 쉽게 부서질지도 모른다.

고체로 된 혜성 핵은 소행성에 비해 연구하는 데 어려움이 많다. 혜성이 내태양계에 들어와 지상 망원경으로 관측할 만큼 가까워지면 얼음이 기화돼 그 안에 갇혀 있던 먼지입자들이 방출된다. 이때 혜성의 대기인 코마가 핵을 둘러싸 그 내부가 전혀 보이지 않게 된다. 혜성이 내태양계에서 멀어지면 코마가 사그라지면서 핵이 노출되기 시작하지만 혜성은 이미 지구와 멀어지고 있기 때문에 이를 자세히 조사하기란 쉽지 않다. 그 때문에 우리가 혜성 핵에 대해 알고 있는 사실 대부분은 코마를 통과해 비행했던 몇몇 탐사선 임무를 통해 얻은 것이다. 표 6.2는 혜성에서 일어나는 현상을 가까운 거리에서 지켜본 탐사선 임무들에 대해 간단하게 요약한 것이다.

혜성 핵들은 겉보기에는 다 다를지 몰라도 몇 가지 일반적인 결론을 이끌어낼 수 있다. 핵은 대부분 먼지입자나 먼지덩어리로 이루어져 있고 휘발성 얼음이 그 안에 있거나 그 위를 덮고 있다는 것이다. 혜성에서 가장 흔한 얼음은 물론 물 얼음이다. 일반적으로 혜성 핵에는 이산화탄소 얼음(또는 드라이아이스)이 10퍼센트를 넘지 않지만, 표면활동이 활발했던 103P/하틀리2Hartely2 혜성은 이산화탄소 함량비가 상당히 높았다. 2010년 11월 4일 딥 임팩트 탐사선이 103P/하틀리2에 접근해 이 혜성의 핵이 특이하게도 땅콩껍질 모양이라는 것을 밝혀냈다. 땅콩껍질 한 쪽 끝에서는 이산화탄소로 된 제트jet*에 먼지와 물 얼음 덩어리들이 딸려 나왔지만, 수증기는 매끄럽게 생긴 목 부분에서만 방출됐다. 이 혜성은 틀림없이 내태양계에서 그리 오랜 시간을 보내지 않았을 것이다. 그렇지 않았다면 휘발성인 이산화탄소 대부분이 태양열로 데워져 벌써 오래 전에 증발해버렸을 터이기 때문이다.

혜성에는 일산화탄소나 메탄, 암모니아처럼 휘발성이 훨씬 강한 얼음도 있지만, 그 양은 아주 적다. 물은 혜성이 만들어진 태양계 외곽 어디에나 있으며, 앞서 말한 것들 중에 휘발성이 제일 낮기 때문에 물 얼음이 혜성 핵의 얼어붙은 지역 대부분을 차지한다 해도 그리 놀랄 일은 아니다. 지금까지 우리가 확보한 증거들을 취합하면 이 얼음은 핵의 먼지 덮인 표면 아

* 천체의 회전축을 따라 방출되는 물질의 흐름을 말한다.

표 6.2 혜성 탐사임무

이 표는 혜성에 접근한 여러 탐사선들의 최대 건판척도, 접근통과 일자, 접근거리를 보여준다.

천체 이름	최대 건판척도 (미터)	탐사임무	접근통과, 도착 또는 접근 비행 일자	접근거리 (킬로미터)
21P/자코비니-지너		ICE[1]	1985년 9월 11일	7,800
1P/핼리		베가1[2]	1986년 3월 6일	8,890
		스이세이[3]	1986년 3월 8일	15만
		베가2	1986년 3월 9일	8,030
		사키가케	1986년 3월 11일	700만
	45	지오토[4]	1986년 3월 14일	596
19P/보렐리	47	DS1[5]	2001년 9월 22일	2,171
81P/빌트2	15	스타더스트[6]	2004년 1월 2일	240
9P/템펠1	1	딥 임팩트[7]	2005년 7월 4일	500
103P/하틀리2[8]	4	딥 임팩트	2010년 11월 4일	700
9P/템펠1[9]	10	스타더스트-넥스트	2011년 2월 15일	178
67P/추류모프-게라시멘코		로제타[10]	2014년 중반	

1 국제혜성탐사선The International Cometary Explorer, ICE은 혜성 자코비니-지너Giacobini-Zinner의 핵에서 7,800킬로미터 떨어진 지점을 태양 반대방향으로 통과했다. 탐사선에 카메라가 실려 있지는 않았지만 이온으로 된 혜성 대기를 둘러싼 태양의 자기장을 검출했다. ICE는 임무 초기에 태양풍과 지구 하전입자의 상호작용, 태양과 지구 사이의 자기장 환경 관측에 사용됐다. 4년 동안 이 임무를 수행한 뒤 로버트 파쿼가 설계한 달의 중력을 이용한 궤도 변경을 다섯 차례 시도했다. 그 후 국제태양지구탐사선3International-Sun-Earth-Explorer3, ISEE3라는 처음의 이름은 ICE로 변경됐고, 자코비니-지너 접근 통과라는 새로운 임무가 주어졌다.

2 구 소련은 핼리 혜성에 두 대의 탐사선을 보냈다. 베가1VEGA1 탐사선에 장착된 카메라는 초점이 잘 맞지 않았고, 베가2에 실린 카메라는 혜성 핵을 과다노출된 상태로 찍었다. 핼리 혜성의 긴 축은 15킬로미터다.

3 일본의 스이세이Suisei와 사키가케Sakigake 탐사선은 혜성의 대기와 상호작용하는 태양풍을 조사하기 위해 설계됐다. 두 탐사선에는 카메라가 실리지 않았다.

4 유럽우주기구의 지오토Giotto 탐사선은 시야에 들어오는 가장 밝은 천체를 촬영하도록 프로그램되어 있기 때문에 핵을 찍은 고해상 영상에는 밝은 먼지 제트가 잘 나타나 있다.

5 이온엔진 등 신기술을 시험하기 위해 설계된 딥 스페이스1 탐사선은 혜성 보렐리Borrelly를 접근 비행했다. 카메라로 긴 축이 8.4킬로미터인 길쭉한 볼링 핀 모양의 핵 영상을 얻었으며, 가장 해상도가 높은 영상은 3,556킬로미터 상공에서 촬영됐다.

6 스타더스트Stardust 탐사선은 혜성 빌트2Wild2에 접근하는 동안 빌트2의 먼지 표본을 수집해 2006년 1월 15일 지구로 귀환했다. 구형에 가까운 빌트2 핵의 긴 축은 약 5.5킬로미터다. 스타더스트-넥스트Stardust-NExT라고 다시 명명된 스타더스트 탐사선은 2011년 2월 15일 혜성 템펠1에 접근하는 새로운 임무를 받았다. '넥스트NExT'란 '템펠1을 목표로 한 새로운 탐사New Exploration of Tempel1'라는 의미다. 2011년 스타더스트-넥스트 탐사선은 템펠1의 181킬로미터 상공을 통과하면서 72장의 영상을 얻었다.

7 2005년 7월 4일 딥 임팩트 탐사선이 템펠1에 충돌기를 성공적으로 충돌시켰다. 템펠1과의 충돌장면은 700킬로미터의 거리를 두고 통과한 탐사선에서 관측됐다. 탐사선은 이후 사진 촬영을 중단하고 핵 부근에서 먼지로 인한 충돌을 막기 위해 '방패모드'로 전환했다. 충돌기는 충돌 직후 증발해버리기 전 혜성의 고해상 영상을 촬영해 모선에 전송했다. 템펠1의 핵은 긴 축이 7.6킬로미터로 둥그스름한 피라미드 모양으로 생겼다.

8 딥 임팩트 탐사선은 2005년 7월 템펠1을 접근 통과한 뒤 2010년 11월 하틀리2에 접근하도록 목표가 재설정됐다. 103P/하틀리2의 핵은 모양이 특이했다. 긴 땅콩껍질 모양으로 긴 축은 2.3킬로미터고, 표면이 거친 두 개의 큰 몸통이 매끄러운 목 부분으로 연결되어 있었다.

9 템펠1의 핵은 2005년 7월 딥 임팩트 탐사선과 2011년 2월 스타더스트-넥스트 탐사선이 관측했다. 2011년 2월 관측에서는 2005년 딥 임팩트 임무 중에 인위적인 충돌로 만들어진 구덩이를 확인할 수 있었다. 이 충돌구는 지름이 약 50미터였지만 눈에 잘 띄지 않고 중심에 불룩한 흙더미가 가라앉아 있어서 템펠1의 핵 표면이 약하고 다공성이라는 사실을 알 수 있었다.

10 유럽우주국기구의 로제타 탐사선이 수행하게 될 임무는 2014년 중반 추류모프-게라시멘코와 랑데부해 근일점을 통과하면서 몇 주 동안 활성을 띤 핵을 관측하고 착륙선을 내려 보내 그 표면을 자세히 조사하는 것이다. 이 임무가 성공한다면 착륙선은 화소당 2센티미터의 해상도로 영상을 찍어 전송할 수 있을 것이다.*

래에 묻혀 있는 것으로 보인다. 만일 그렇지 않고 얼음이 표면에 노출되어 있다면 상대적으로 따뜻한 내태양계에서 그다지 오래 버티지는 못했을 것이다.

1986년 탐사선이 1P/핼리 혜성을 방문하기 전에는 혜성 핵이 먼지 섞인 얼음덩어리나 지저분한 눈덩어리라고 생각했다. 그러나 핵 표면에는 얼음

* 로제타 탐사선은 2014년 8월 추류모프-게라시멘코와 랑데부해 근일점을 통과하는 동안 혜성 핵을 촬영하고, 착륙선을 내려 보내 다양한 탐사활동을 벌였다. 그러나 착륙선이 표면에 제대로 착지되지 않는 등 크고 작은 문제가 있었다.

이 얼마 없고 비휘발성 입자들이 얼음보다 더 많다는 사실이 알려지면서 용어를 바꿔야 했다. 즉 먼지 섞인 얼음덩어리에서 얼음 섞인 먼지덩어리로 말이다.

혜성이 내태양계로 들어오면 태양열은 먼지 덮인 혜성 표면을 덥히고 먼지층 바로 아래에 있는 얼음이 증발하기 시작한다. 이렇다 할 압력이 없기 때문에 얼음은 액체상태를 거치지 않고 곧바로 기체로 변하는 승화과정을 겪는다. 이렇게 얼음이 승화하면서 가스와 먼지입자들이 분출되는데, 이러한 현상은 지상에 있는 여러 천문대와 혜성 부근을 통과하는 탐사선에서 확인할 수 있다.

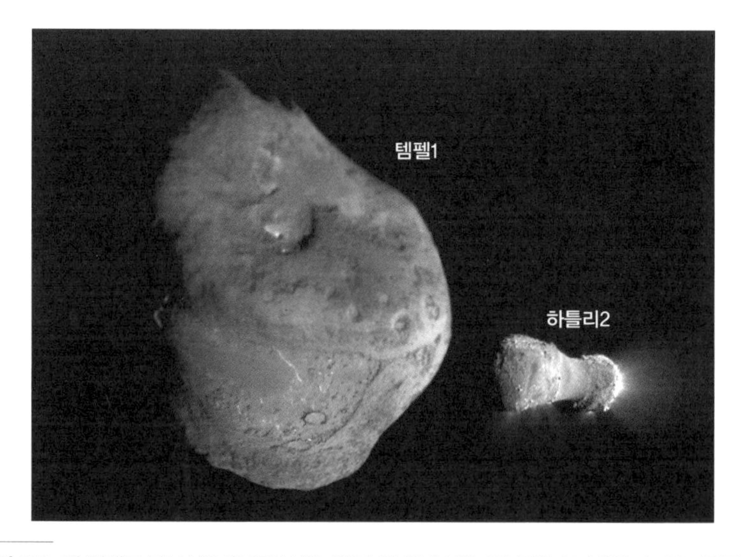

그림 6.8 딥 임팩트 탐사선은 2005년 7월 4일과 2010년 11월 4일 각각 9P/템펠1과 103P/하틀리2의 핵을 촬영했다. 템펠1의 핵은 지름이 6킬로미터고, 분출물 가운데 수증기가 압도적으로 많으며, 그보다 적은 이산화탄소는 수증기와 함께 방출됐다. 하틀리2의 핵은 땅콩껍질 모양인데, 그 긴 축은 2킬로미터가 조금 넘고, 한쪽 끝에서는 이산화탄소 제트가 먼지와 물 얼음 덩어리를 뿜어내는 한편 그 가운데 매끈한 목 부분에서는 수증기만 분출되는 모습이 관측됐다(나사 및 메릴랜드대학교 제공).

9P/템펠1 표면에 뚜렷하게 보이는 오래된 구덩이 몇 개를 제외하면 탐사선이 찍은 혜성 핵들에는 소행성에서 흔히 볼 수 있는 충돌구가 거의 없다. 혜성도 소행성과 마찬가지로 충돌을 겪는다는 사실을 감안해보면 혜성은 표면활동이 활발해 충돌구가 빠른 속도로 침식되어 없어지는 것이 틀림없다. 단주기혜성이 근일점을 통과할 때마다 잃어버리는 질량을 추정하면 표면이 1~2미터씩 낮아지는 것으로 생각된다. 크기가 수킬로미터인 혜성 핵이 1,000여 차례 근일점을 지난 뒤에는 이 질량 손실 때문에 표면활동을 일으키는 얼음이 모두 고갈되어버린다. 형제 격인 소행성과 비교하면 혜성은 내태양계에 잠깐 머무는 천체들이다.

모호한 소행성과 드러나지 않은 혜성

얼마 전까지만 해도 혜성은 궤도경사각과 이심률이 큰 궤도를 도는 먼지 섞인 얼음덩어리로, 암석질 소행성 대부분은 화성과 목성 사이에서 궤도경사각과 이심률이 작은, 원에 가까운 궤도를 도는 천체라고 생각했다. 또 혜성은 순행과 역행 양방향으로 돌 수 있지만, 소행성은 행성들처럼 순행으로만 돈다고 생각했다. 하지만 이제는 더 이상 소행성과 혜성을 구분하는 기준이 없다고 말할 만큼 예외가 많아졌다.

이제 궤도경사각이 크고 찌그러진 타원궤도를 시계방향으로 공전하는(역행궤도를 도는) 소행성들도 발견되고 있다(예: 20461 디오레트사Dioretsa). 어쩌면 이들은 한때 혜성이었을지도 모른다. 반대로 소행성대에는 궤도경사각이 작고 원에 가까운 궤도를 도는 활동적인 혜성도 있다. 지금 이 순간에도 한때 활동성을 보이던 혜성이 조용하게 소행성으로 변신하고 있을지 모른다. 이들은 과거에 혜성이었다가 잠시 혹은 일생 대부분의 시간을 소행성으로 보내는 천체들이다.

이처럼 소행성과 혜성의 이름 두 가지를 모두 달고 다니는 과도기적 천체로는 4015 윌슨-해링턴Wilson-Harrington, 7968 엘스트-피자로Elst-Pizarro, 118401 리니어Linear, 60558 에케클러스Echeclus, 2005 U1 리드Read, 2008 R1 개러드Garradd가 있다. 이 가운데 고유이름이 붙은 2060 키론Chiron은 혜성으로 변신 중인 센타우루스 천체일지도 모른다.

2010년 1월 6일 리니어 전천탐사팀이 발견한 P/2010 A2 혜성을 보면 문

그림 6.9 혜성 P/2010 A2는 두 소행성이 소행성대 안쪽에서 충돌한 결과 나타난 것으로 보인다. 이때 가장 큰 충돌조각은 그보다 수개월 앞서 일어난 충돌로 만들어진 엑스 자 모양의 먼지로 된 구조 끝단에서 발견됐다. 이 영상은 2010년 1월 29일 허블우주망원경의 광각카메라3Wide Field Camera3, WFC3로 촬영했다(나사, 유럽우주기구, 데이비드 주잇(캘리포니아대학교 로스엔젤레스 캠퍼스) 제공).

제가 더 복잡해진다. 이 천체는 표면활동이 나타났고, 소행성대 안쪽에서 발견됐다. 그래서 혜성으로 명명됐고, 처음에는 몇 개 되지 않는 소행성대 혜성 중 하나일 거라 생각됐다. 하지만 대기에는 먼지만 있고 가스는 보이지 않았다. 캘리포니아대학교 로스앤젤레스 캠퍼스의 천문학자 데이비드 주잇은 2010년 1월 29일부터 5월 29일까지 허블우주망원경으로 P/2010 A2를 여러 차례 관측했다. 그 결과 특이하게 생긴 먼지 대기와 '핵' 한쪽 끝에 위치한 엑스X 자 모양의 필라멘트 구조가 드러났다. 일반적으로 혜성은 먼지와 가스로 된 코마 안쪽에 핵이 있기 때문에 이 천체는 혜성이라기보다 1년 전 두 개의 소행성이 충돌해 만들어졌다고 생각된다. 이처럼 충돌한 소행성을 혜성으로 잘못 명명한 경우도 나타나고 있다. 그래서 소행성과 혜성을 재분류해야 할 필요성이 제기된다.

혜성은 얼음(대부분 물 얼음)이 많고, 먼지 섞인 규산염암 물질이 약하게 결합된 천체라고 생각된다. 핵 표면은 얼음이 기화되어 거의 비휘발성 물질만 남은, 부서지기 쉬운 구조로 변한다. 그래서 태양 주위를 몇 번이고 지나가면 더 이상 살아남을 수 없을지도 모른다. 혜성은 얼음을 모두 날려 버리고 연쇄적으로 조각조각 떨어져 나간 뒤 먼지구름으로 변할 수도 있다. 그러다 마침내 그 일부는 소행성 종족의 끝단에 위치하는, 구조적으로 취약하고 활동성을 멈춘 천체로 남게 된다. 소행성 종족의 한쪽 끝단은 과거에 혜성이었던, 구조적으로 연약한 천체들이 자리하고 있다. 소행성 대부분은 충돌파편이나 돌무더기(마틸드, 이토카와), 파괴된 암석(에로스, 가스프라, 이다), 또는 단단한 니켈-철 조각들이라 생각된다. 일부는 수화광물 형태로 물이 포함되어 있다.

도널드 덕과 스크루지 맥덕 삼촌은 1960년 예지가 돋보이는 '관측'을 수행하여 소행성은 다양한 모양을 하고 있고, 위성도 있으며, 주로 돌무더기 같이 느슨하게 결합된 구조로 되어 있다는 사실을 알아냈다. 그렇지만 이들은 스크루지 삼촌의 막대한 재산을 안전하게 보관할 만한 창고 같은 소행성을 찾은 것뿐 소행성이 광물과 금속, 수자원이 숨겨진 엄청난 보물창고라는 사실은 까맣게 모르고 있었다.

7장

소행성,
우주의 보물창고

모든 탐사는 유인탐사다.

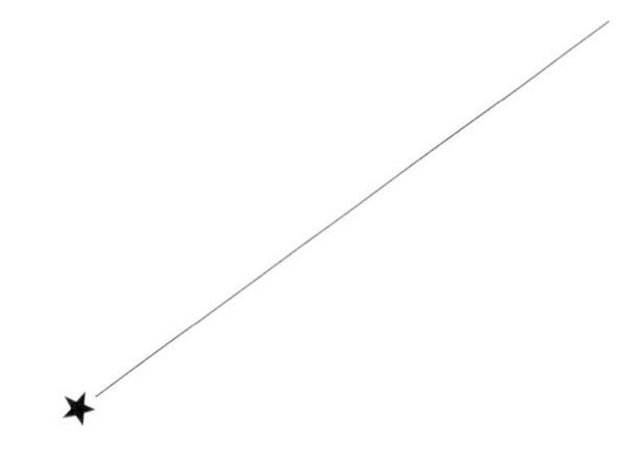

왜 근지구천체를 탐사하는가

근지구천체를 탐사하고 연구하는 이유는 단순히 지적 호기심을 채우기 위해서만은 아니다. 무엇보다 근지구천체는 태양계에서 가장 변화를 덜 겪었기 때문에 원시적인 상태를 유지하고 있으며, 태양계 기원에 관해 결정적인 단서를 쥐고 있다. 46억 년 전 태양계 형성 초기의 열적 · 화학적 환경에 대해 알고 싶다면 근지구천체와 거기서 떨어져 나온 운석성분을 분석하면 된다. 행성들이 막 태어나던 당시의 상황을 직관적으로 이해할 수 있기 때문이다. 과학자들은 아직 태양계의 현재 모습을 완벽하게 이해하지 못하지만, 이처럼 그 초기 조건에 관한 중요한 단서 몇 가지는 가지고 있다. 과학자들이 46억 년 전부터 현재까지 태양계의 신화과정을 망라하는 타당한 모형을 제시할 수 있는 것은 바로 이 때문이다(3장 참고).

우리는 근지구천체 연구를 바탕으로 지구에 생명의 구성요소를 실어 나른 메커니즘을 어느 정도 이해할 수 있다. 지구는 물과 유기물 없이 뜨거운 상태에서 만들어졌기 때문에 충분히 식고 난 뒤 근지구천체들이 물과 유기물 대부분을 실어 날랐을 가능성이 크다(4장 참고). 근지구천체의 충돌은 태양계의 초기 환경을 이해하는 것 말고도 생명 발생에 필요한 물과 유기물의 유입과정을 연구하는 데도 중요하다.

게다가 근지구천체의 충돌은 지구와 지구에 사는 모든 생명에 치명적인 재난이 될 수 있다. 6,500만 년 전 공룡을 멸종시킨 것 같은 대형 근지구천체가 충돌할 가능성은 아주 낮지만, 경계할 필요는 있다. 그들이 우리를 찾기 전에 우리가 먼저 그들을 찾아야 한다. 근지구천체의 충돌위험에 대해서는 8장에서 따로 다루겠다. 다행히도 충돌은 우리가 미리 알아내면 막을 수 있는 자연재해다(9장과 10장 참고).

이 장에서는 우리가 근지구천체를 연구하고 탐사해야 하는 또 다른 두 가지 이유에 대해 설명하려고 한다.

1. 자원의 보고: 일부 근지구천체에는 지구표면에서는 희귀한 고가의 광물이 풍부하다. 미래에는 이처럼 우주에서 조달할 수 있는 자원을 이용해 지구 궤도나 근지구공간에 구조물과 거주시설을 건설할 수 있다. 앞으로 근지구소행성에서 광물을 채굴하는 일은 미래에 새롭게 펼쳐질 우주산업의 기초가 될 수도 있다.
2. 유인탐사의 발판: 달탐사 이후 화성과 그 두 개의 위성은 미래 유인탐사의 궁극적 목표로 알려져 있다. 그렇다면 화성에 비해 훨씬 쉽게 접근할 수 있는 근지구천체 탐사는 기술적인 면에서 화성탐사에 대비한 선행임무가 될지도 모른다. 화성으로 가기 위해 근지구천체를 발판 삼는 것이다.

우주의 보물창고

지구표면에는 이용가치 높은 희귀금속이 거의 없지만, 근지구소행성에는 이러한 자원이 상대적으로 많아 이를 적극 활용하는 방안에 관심이 집중되고 있다. 지구가 형성되는 과정에서 철이나 니켈 같은 중금속 대부분(특히 플래티늄, 팔라듐, 로듐, 이리듐, 오스뮴, 루테늄 같은 백금족 금속)은 핵으로 가라앉아 지구의 껍질인 지각은 금속이 부족한 상태가 되었다. 플래티늄(백금)은 순도와 고온에서의 안정성, 부식에 강한 저항력 덕분에 귀금속 공예는 물론이고 다양한 산업공정과 전자회로, 배기가스를 처리하여 오염물질을 줄이는 차량 촉매변환기에도 쓰인다. 플래티늄은 희귀한 데다 금보다 활용도가 높다는 매력 때문에 일반적으로 금보다 시장가격이 높다.[1]

지구에 매장된 전체 백금족 원소의 1퍼센트에도 훨씬 못 미치는 적은 양만이 우리가 채굴할 수 있는 지각에 매장되어 있다. 게다가 그 70퍼센트 이상은 아프리카 남부 부슈벨트 화성암 광산단지에 집중되어 있다. 이곳은 지각 내부에 수직으로 뻗은 틈 사이로 용융된 암석이 맨틀에서 지표면까지 올라와 화성암 광석이 풍부하며, 이 광석들은 10피피엠ppm(또는 톤당 10그램 정도)의 백금족 금속 농도를 보인다. 그런데 운석들을 분석해보면 일부 소행성은 백금족 금속 농도가 이 10배인 100피피엠에 달한다. 근지구공간에는 단단한 니켈-철질 소행성도 있지만 규소질 소행성이 훨씬 흔하며, 이러한 암석 소행성에는 작은 입자 형태의 금속이 많게는 20퍼센트까지 포함되어 있다.

전체가 금속으로 된 소행성을 채굴하는 것보다 암석질 소행성의 표면을 파쇄해 금속을 채취하는 편이 쉬울 것이다. 자, 여기에 우리가 쉽게 접할 수 있는 암석질 근지구소행성이 하나 있다. 지름은 1킬로미터, 전체 밀도는 세제곱센티미터당 2.5그램, 플래티늄 농도가 100피피엠인 금속 함량이 20퍼센트다. 그러면 이 소행성에는 2만 6,000톤의 플래티늄이 포함되어 있다. 보통 플래티늄의 가격은 1온스에 1,700달러(또는 1그램에 60달러)이므로 이 소행성에 매장된 플래티늄의 가치만 1조 6,000억 달러다. 함께 매장된 니켈과 철의 시장가격만 따져도 3조 9,000억 달러다. 이 1킬로미터 크기의 근지구소행성에 있는 금속의 가격이 지금까지 지구에서 캔 것을 모두 합친 것보다 높다.

만약 이 자원들을 채굴해 지구로 가져오는 비용보다 그 활용가치가 높다면 고가의 금속을 얻기 위해 근지구소행성을 채굴하는 것은 말이 되는 일이다. 하지만 이를 위해서는 어마어마한 기반시설을 세워야 하고, 비용도 만만치 않다. 게다가 채굴장비를 발사하는 데 드는 비용만 해도 상상을 초월할 것이다. 현재 1킬로그램짜리 물건을 지표 위 약 300킬로미터인 지구저궤도LEO로 싣고 가는 데 드는 비용은 약 1만 달러다. 물론 소행성까지 가는 데에는 더 많은 비용이 든다. 하지만 시간이 지날수록 귀금속은 지구에서 고갈될 테고, 소행성 채굴비용이 킬로그램당 1,000달러 이하로 떨어진다면 우주에서 캔 자원을 지구로 가져오는 일이 경제적일 수 있다.[2]

앞으로 수십 년 동안은 근지구소행성에서 지구로 자원을 조달하기보다 근지구공간에 시설물과 로켓 터미널을 짓는 용도로 채굴하는 것이 경제적으로 더 설득력 있을지 모르겠다. 가까운 미래에 우주여행과 지구 궤도를 도는 호텔이 성행하고, 궤도상의 태양광 집열판으로 빛을 모아 에너지를 지구로 전송할 때쯤이면 근지구천체의 자원을 활용하는 일이 비용 대비 효율 면에서 더욱 매력적으로 보일 것이다.[3]

우리는 근지구천체에 매장된 금속을 이용할 수 있을 뿐 아니라 일부 근지구소행성에 존재하는 수화광물이나 점토에 포함된 물을 처리해 사용할 수도 있다. 물은 생명을 유지하는 데 꼭 필요하고, 생명체에 피해를 줄 수 있는 고속 하전입자들(대부분 양성자)로 이루어진 우주선cosmic ray을 효과적으로 차단하는 데도 쓰인다. 물은 또한 전기분해해서 가장 효율 높은 로켓연료인 수소와 산소로 분리해둘 수 있다. 미래에는 근지구공간이 상업화될 거라고 확신하는데, 이때 지구 궤도에 띄운 터미널에 물과 연료를 보관해두고 로켓 화물선 보급용으로 사용할 수 있다. 또 언젠가는 근지구천체가 행성 간 탐사를 위한 연료와 물의 공급기지가 될지도 모른다.

일반적으로 유인탐사는 지식을 탐구하기 위해서가 아니라 상업적 이득을 위해 추진된다. 콜럼버스가 아메리카 대륙을 밟은 것은 인도행 최단 통상로를 찾으려 한 욕망 때문이었다고 하듯 근지구공간이 언젠가 자본주의화되어 기업과 주주들이 근지구천체 탐사를 주도하는 날이 올지도 모른다.[4]

근지구천체 유인탐사

장기적으로 볼 때 근지구천체는 언젠가 상업적으로 활용될 가능성이 크며, 어쩌면 꼭 해야 하는 선택이 될지도 모른다. 단기적으로는 근지구천체를 유인탐사 대상으로 생각하는데, 그 이유는 지구와 가장 가까운 이웃을 탐사하기 위함이며, 여기에는 화성으로 가는 디딤돌로서의 역할도 포함된다.

2010년 4월 15일 오바마 미국 대통령은 화성 유인탐사를 향한 첫걸음으로 2025년까지 근지구소행성에 대한 유인탐사를 시행한다는 계획을 포함한 미국 우주비전U.S. National Space Vision 초안을 완성했다. 화성과 그 두 위성에 대한 유인탐사가 미국 우주 프로그램의 중대한 목표라면 이를 위해 첫걸음을 내딛을 천체는 도달하기 쉬울 뿐 아니라 그 자체만으로 관심을 끌 수 있어야 한다. 근지구소행성은 이 두 가지 요건을 모두 충족한다.

우주선이 달을 왕복하는 것보다 근지구소행성까지 갔다가 돌아오는 편이 연료가 덜 든다. 우주임무space mission를 설계하는 사람들은 우주선의 속도변화 요구량(△V)을 이용해 A 지점에서 B 지점까지 가는 데 필요한 연료를 계산한다. 예를 들어 지표에 있는 우주선이 초속 11.2킬로미터km/s를 낼 수 있다면 지구 중력을 완전히 벗어날 수 있다. 그래서 초속 11.2킬로미터를 지구탈출속도라고 부른다. 우주선이 300킬로미터 높이에 있는 지구저궤도에 이르려면 초속 8.0킬로미터가 필요하고, 지구저궤도에서 지구를 탈출하려면 초속 3.2킬로미터가 추가로 요구된다. 지구저궤도에서 달 표면까지 가려면 초속 6.3킬로미터가 필요하지만, 지구저궤도에서 일부 근지구소행성에 가려면 그보다 낮은 초속 5.5킬로미터로도 충분하다. 돌아올 때도 마찬가지다. 지름 100미터인 소행성의 중력은 달에 비해 4만 7,000배 약하므로 소행성에 착륙했다가 탈출할 때 달에서보다 훨씬 적은 연료로도 문제없다. 따라서 근지구소행성에 착륙했다가 지구로 돌아오는 편이 달에 갔다가 돌아오는 것보다 이점이 많다. 더욱이 몇몇 근지구소행성 표면의 금속 함량은 달보다 몇 백 배나 높기 때문에 근지구소행성에서 금속을 캔다면 달에서보다 성공 가능성이 더 높다.

근지구소행성 왕복은 달 왕복에 드는 일주일 반보다 시간이 더 걸린다. 하지만 화성 왕복은 2년 이상 걸리는 반면 근지구소행성 왕복여행은 6개월 내로 완료할 수 있다.[5] 우리는 단기간의 근지구소행성 유인탐사를 통해 그보다 몇 배 힘든 화성 왕복여행을 위한 중요한 실무경험을 쌓을 수 있을 것이다.

지름이 100미터밖에 안 되는 천체는 중력이 거의 없어서 탈출속도가 초속 6센티미터에 지나지 않는다. 우주비행사들은 이곳에서 중력이 거의 없는 천체에서 어떻게 이동해야 하는지 미리 시험해볼 수 있다. 소행성 표면을 걸을 때는 발을 아무리 조금씩 움직이려 해도 금세 탈출속도를 넘어 소행성의 중력권을 벗어나게 될 터이니 표면에서 움직이는 것 자체가 매우 힘든 일일 수밖에 없다. 그밖에도 우주비행사들이 이러한 소행성에 그물을 치거나 표면에 하역망荷役網을 펼쳐 두 손을 바꿔가며 천체 위를 '걸을' 수 있을까? 아니면 작살로 구멍을 뚫거나 강력접착제를 써서 필요한 난간을 설치할 수 있을까? 또 다리의 운동을 고려한 우주복을 따로 디자인할 필요가 있을까? 우주비행사들은 어떠한 방사선 환경에 노출될까? 게다가 좁은 공간에서 몇 명이 수개월을 보내면서 서로 목 졸라 죽이지 않고 사이좋게 잘 지낼 수 있을까? 우리가 근지구소행성 유인탐사 계획을 세울 때 고민해야 할 질문들이다.

근지구소행성 유인탐사 기간 중에 우리는 수분 회수장치도 시험해야 한다. 화성으로 가는 긴 비행에 반드시 필요하기 때문이다. 물은 우주비행사의 생명유지를 위해 꼭 필요할 뿐 아니라 수소가 풍부하므로 우주비행사들의 조직을 심하게 손상시킬 수 있는 우주선과 태양 양성자 급증 현상solar proton event*을 막아주는 훌륭한 방패 역할을 한다.[6] 승무원들의 선실을 둘러싼 수조는 생명유지를 위한 보호막 역할을 하면서 음용과 위생에 필요한 물도 제공한다.

* 수 메가전자볼트MeV 이상의 높은 에너지를 갖는 양성자가 갑자기 늘어나는 현상이다.

그림 7.1 근지구소행성에 줄을 고정해놓고 매달려 있는 우주비행사를 그린 상상도다(나사 화가 제공).

근지구소행성 유인탐사를 위해서는 최소 한 차례의 무인우주선 랑데부 임무가 선행되어야 한다. 이러한 임무를 통해 대상 천체의 크기와 형상, 질량, 밀도, 구조, 자전 특성, 화학성분 그리고 표면에 위험한 지형이 있는지 여부를 반드시 확인한다. 또한 소행성에 위성이 있는지, 표면의 먼지와 물질 특성은 어떤지를 조사한다. 유인탐사에서 가장 큰 문제 중 하나가 소행성 표면을 덮고 있을지도 모르는 먼지입자들이다. 무인우주선은 표면의 먼지를 교란시켜 먼지입자들이 정전기적으로 얼마나 잘 들러붙는지 확인한다. 먼지입자가 우주비행사의 우주복과 헬멧 차양에 달라붙을 확률은 얼마나 될까? 이 모래알 같은 물질들이 민감한 장치와 우주복 연결부위에 얼마나 나쁜 영향을 미칠까? 우주비행사들은 얼마 만에 찰리 브라운의 친구인 먼지 덮인 피그펜Pig Pen처럼 될까?

이 무인우주선은 소행성에 머무는 동안 먼지 환경을 시험하거나 표본을 지구로 가져올 수 있다. 뒤이어 수행하게 될 유인탐사의 주요 과학적 목표 중 하나는 소행성의 표면물질을 수집하고 지구로 가져와 실험실에서 종합적으로 분석하는 것이다. 과연 소행성 충돌이 초기 지구에 생명의 기본 구성요소를 제공했을까? 소행성 표면의 유기물과 수분이 그만큼 지구와 비슷할까? 표토에는 귀금속이 들어 있을까? 표토의 몇 퍼센트나 물로 변환될 수 있을까? 만약 같은 종류의 소행성이 지구를 위협하는 궤도로 돌진한다는 사실이 알려지면 종류가 같은 그 소행성의 구조를 알아낸 것이 큰 도움이 될 수 있다.

근지구소행성 탐사에 우주비행사들이 투입되면 표본 수집과 그 천체의 물리적 특성을 밝혀내는 작업의 수준이 향상된다. 이들은 소행성 표면의 투과성, 열전도율, 전단내력bearing and sheer strength*을 측정할 수 있다. 또 우주비행사들은 소행성의 표면 특성을 조사하는 동안 닥치게 될 예상 밖의 상황과 뜻밖의 기회에 즉각 융통성을 발휘할 것이다. 근지구소행성 탐사에 나선 우주비행사들은 표본을 채취하고, 각종 실험을 통해 태양계와 생명의 기원에 관한 실마리를 찾고, 표면에 있는 광물과 금속 함량을 분석한다. 더불어 미래에 수행하게 될지도 모를 지구위협천체의 궤도변경 임무에 필요한 귀중한 정보도 얻는다. 이렇듯 근지구소행성 유인탐사는 상점이 많다.

그러나 근지구소행성 유인탐사의 중요한 목적은 더 오랜 시간이 필요한

* 고체의 한 축에 대해 직각방향으로 힘이 작용할 때 그 면을 따라 고체를 절단하려고 하는 힘, 즉 전단력의 최대치인 최대 전단력을 말한다.

화성 유인탐사 중에 생길지도 모를 여러 문제들을 미리 짚어보고 필요한 과정을 시험해보는 것이다. 이를 위해 우주비행사들은 소행성 표면에서 이동하기 위한 다양한 방법을 시도하고, 소행성의 수화광물과 우주비행사의 배설물에서 물을 추출하는 과정을 시험한다. 또한 승무원 선실을 둘러싸고 있는 수조를 포함해 우주선 차단을 위한 각종 재질의 효율을 점검한다. 우주비행사들은 오랫동안 무중력 상태로 지내면서 고향 지구는 저 멀리 떠 있는 푸른 점에 불과하고 위생상태는 제대로 유지하기 어려운 데다 사생활이라는 건 아예 불가능한 상황에 처한다. 따라서 근지구천체 유인임무를 통해 승무원들이 육체적 · 정신적으로 겪게 될 상황은 그보다 긴 화성 유인임무에 중요한 지침이 될 수 있다.

유인 우주비행의 온갖 어려움에도 불구하고 우리가 40년이 넘는 공백을 깨고 이러한 노력을 다시 시작하는 것은 대단히 중요하다. 그 과학적인 이유와 상업적인 이유는 분명하다. 하지만 이를 추진하는 더욱 강력한 동인은 지구 밖에 있는 다른 천체에 자급자족할 수 있는 인간 공동체를 이주시켜 우주재난이든 인간이 자초한 참사든 대재앙으로부터 모든 종을 보호하고 유지하는 것이다.

8장

지구를 단번에 파괴한다

커다란 소행성이 지구와 충돌한다면 어떤 일이 벌어질까?
망치와 실험실 개구리로 하는, 실감나는 시연을 떠올린다면
상당히 심각할 거라고 짐작은 할 수 있다.

– 데이브 배리

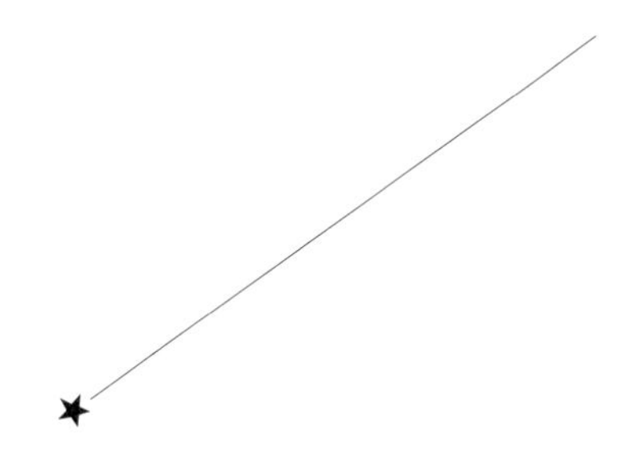

딱딱한 비가 내린다

매일 근지구천체에서 떨어지는 100톤이 넘는 물질이 계속해서 지구를 강타한다. 다행히도 그 대부분은 너무 작아서 얇은 대기를 통과하는 동안 살아남지 못하는 먼지와 작은 돌멩이들이다.[1] 망치로 벽돌을 내려치면 작은 파편들이 훨씬 많이 생기는 것처럼 수백만 년이 넘는 오랜 세월 동안 소행성들끼리 부딪치면 작은 파편들이 압도적으로 많아진다. 예컨대 1킬로미터보다 큰 근지구천체는 1,000개가량 있지만, 30미터보다 큰 것은 100만 개가 넘을 것으로 보인다.

매일 지구에 비 오듯 떨어지는 행성 간 먼지와 모래알만 한 입자는 밤하늘의 좋은 볼거리를 연출하면서 해는 끼치지 않는 유성(또는 별똥별)이 된다. 가끔씩 지구가 지나가는 혜성이나 그보다는 드물지만 소행성에서 떨어지는 잔해들을 통과할 때 유성우(또는 유성폭풍)가 나타난다. 매년 나타나는 볼 만한 유성우로는 지구가 스위프트-터틀 혜성 잔해를 통과할 때 보이는 8월의 페르세우스 유성우, 템펠-터틀 혜성 잔해를 통과할 때 보이는 11월 사자자리 유성우, 3200 파에톤Phaethon 소행성 잔해를 통과할 때 보이는 12월 쌍둥이자리 유성우Geminids가 있다.

대기권에는 근지구천체 종족 끝자리에 위치한 수없이 많은 작은 입자들이 부딪치지만, 심각한 피해를 끼치는 것은 그보다 드문 규모가 큰 천체들이다. 그 대다수는 석질이며, 일반적으로 30미터보다 작은 석질 근지구천체는 지표에 심각한 피해를 주지 않는다. 그러나 인상적인 화구사건이 될 가능성은 있다. 30미터에서 100미터 사이의 석질 천체는 지표에 충돌할 가능성이 높지 않지만, 지표에 심각한 영향을 주는 충격파를 만든다. 100미터보다 큰 석질 천체는 대기권을 뚫고 땅에 부딪히거나 바다에 떨어질 가능성이 높다. 지표의 70퍼센트가 물이기 때문이다.

대기권에 들어와 부서지고 충격파를 일으킨다

근지구소행성은 평균 초속 17킬로미터로 대기권에 진입하고, 석질 소행성은 약 100킬로미터 상공에서 공기의 저항(또는 항력)을 느끼기 시작한다. 항력이 증가하면 앞 부분에 작용하는 압력이 늘어나 팬케이크처럼 납작해진다. 납작해진 소행성에는 공기저항이 가중되고 마침내 그 압력을 이기지 못해 산산조각 난다. 모천체와 마찬가지로 그 깨진 파편들은 공기저항으로 뜨겁게 달아오르고, 그 일부는 날아가버려 남아 있는 파편들은 빠르게 열을 빼앗긴다. 그래서 대기를 뚫고 땅에 떨어지는, 운석이라 부르는 파편들은 주변보다 살짝 높은 온도로 충돌한다. 그렇다! 운석은 결코 벌겋게 달아

오른 채 땅에 떨어지지도, 훨훨 타오르지도 않는다.[2] 이처럼 융삭ablation*으로 열을 빼앗기는 현상은 우주선이 대기에 재진입할 때 우주선을 보호하는 데 쓰이는 열차단막**에 활용된다. 우주선이 대기권에 들어올 때 선체가 과열되지 않도록 그 바깥의 벌겋게 달아오른 차단막이 타서 없어지도록 설계된다.

공기저항이 충분히 크면 충돌체의 결합력은 압력을 이기지 못한다. 그 결과 충돌체가 파괴되고, 운동에너지는 좁은 공간에 축적된다. 공간에 쌓인 에너지는 공기를 데우고, 공기는 급팽창하면서 공중폭발airburst을 일으킨다. 폭발로 인해 압력펄스pressure pulse와 이어 강풍이 동반되는 강력한 폭발폭풍blast wave이 발생한다. 충격파는 에너지가 똑같더라도 지표에 충돌할 때보다 지표에 훨씬 더 큰 피해를 준다. 군사용 폭탄이 땅에서 터지지 않고 공중에서 폭발하도록 설계된 것은 그 때문이다. 100만 톤(1메가톤)급 TNT가 1킬로미터 상공에서 폭발하면 지표에서 폭발할 때보다 피해가 두 배 이상 크다. 근지구소행성이 지구 상층대기에 부딪칠 때 발생하는 에너지는 공중폭발이나 육상 또는 해상충돌 때보다 훨씬 크다. 즉 초기 에너지 대부분은 충돌체가 산산조각 나면서 혹은 낙하하는 동안 주변 대기를 가열시키면서 소진되어버린다.

* 운석이 대기를 통과하는 동안 녹은 표면이 기화되어 없어지는 현상을 말한다.

** 또는 열차폐물이라고 한다.

지상과의 충돌

대기권에 들어온 천체가 부서지지 않고 원형 그대로 지표에 떨어질 만큼 크다면 여러 형태로 파괴가 일어난다. 낙하지점ground zero(또는 충돌지점) 부근에는 폭발폭풍에 의한 강풍과 열파동heat pulse 그리고 지진이 발생한다. 충돌체가 보다 크면 대기권 밖으로 날아갔다가 재진입re-entering하는 뜨거운 충돌 분출물들로 인해 화재가 발생하고 먼지와 재가 방출되며 산성비가 내리는 등 국지적인 충돌과는 비교가 안 되는 막대한 피해를 줄 수 있다. 또한 오존층이 심각하게 손상되며 대기는 먼지와 재로 불투명도가 심화되어 마침내 광합성이 멈추고 충돌에 의한 겨울이 닥친다.

소행성의 충돌에너지 가운데 일부는 국지성 폭발폭풍과 지진파로 변환된다. 그러나 에너지 대부분은 열과 충돌구 밖으로 잔해물을 분출시키는 데 쓰인다. 충돌구 지름은 충돌체의 10~15배에 달하며, 충격파는 충돌체와 충돌체 질량의 몇 배에 달하는 지표물질을 전부 증발시켜버릴 정도로 강력하다. 게다가 충돌로 가루처럼 분쇄되는 물질은 녹거나 증발하는 양보다 훨씬 많다.

수킬로미터가 넘는 충돌체가 순간적으로 대기와 지표를 가열시킨 뒤에는 더 오랜 냉각기가 찾아오고, 먼지와 재로 어두운 세상이 된다. 충돌 분출물 대부분은 탄도미사일처럼 다시 솟구쳐 소행성이 날아 들어왔던, 저항력이 최소인 궤적을 따라 대기권을 탈출한다. 그 분출물이 중력으로 인해 다시 지구 대기로 진입한 뒤에는 빛이 작렬할 만큼 온도가 올라가 대기권 전체가 달궈지는 한편, 화재가 전 지구적으로 폭풍처럼 번진다. 그 결과 대기에 어마어마한 양의 재가 만들어진다. 분출된 먼지와 화재로 발생한 재가 섞여 대기가 수주일 동안 불투명한 상태로 지속되며, 햇빛이 차단돼 광합성이 멈춘다. 그 결과 식물은 물론이고 이들을 먹이로 삼는 동물들도 죽는다.

바다와의 충돌

지표의 3분의 2 이상은 바다로 덮여 있으므로 근지구천체는 바다에 떨어질 확률이 더 높다. 충돌체 지름이 수심의 6퍼센트보다 크면 해저에 구덩이가 생기기 시작한다. 일부 지각물질과 함께 수증기가 대기권과 대기권 너머 우주 공간으로 튀어나갈 수 있다.

대규모 해상충돌의 가장 큰 위협은 충돌지점에서 멀리 떨어진 해안지역에도 엄청난 피해를 줄 수 있는 거대한 쓰나미다. 바다에 소행성이 떨어지면 쓰나미가 일어나 해안지역을 침수시킬 수 있다. 지구의 많은 인구가 해안지역에 살고 있으므로 생명은 물론이고, 특히 사회기반시설에 미치는 피해는 근지구천체로 인한 다른 사건보다 훨씬 위협적일 수 있다. 쓰나미로 인한 피해는 해안과 충돌지점 사이의 거리, 충돌지점의 수심, 해안 지형의 특성에 따라 달라진다. 파도는 스스로 부서질 때 에너지를 잃고, 파고波高가 수심과 비슷할 때 부서진다. 파도가 대륙붕에서 끝나지 않고 해안선에 도달할 때 그 피해가 극대화된다. 쓰나미가 해안에 도착하기 전에 미리 경보를 발령한다면 주민들을 대피시킬 수 있다. 쓰나미는 수심이 얕은 해안 부근에서는 시속 약 30킬로미터가 넘는 속도로는 이동하지 않으니 미리 경고만 하면 자전거를 탄 비치족도 쓰나미보다 빨리 달릴 수 있다. 그렇지만 해안지역에 있는 기반시설이 입게 될 피해는 엄청날 수밖에 없다. 100미터가 넘는 충돌체가 대기권에 진입해 깨지지 않고 살아남는다면 쓰나미를 일으킬 수 있다. 그러나 충돌 쓰나미의 발생과정에 대해서는 거의 알려진 것이 없으며, 연구가 제대로 이루어지지 않았다. 지질기록에도 충돌 쓰나미가 자주 일어났다는 증거는 없다.

1960년대 핵폭탄으로 연안에 쓰나미를 발생시켜 해안에 침투한 적군의 잠수함을 물리치는 전략무기로 쓸 수 있는지 조사하기 위해 미국에서 여러 차례 실험이 수행됐다. 실험결과 이렇게 만들어진 파도는 대륙붕에서 멀리 떨어진 연안에서 소멸되기 때문에 무기로는 효율이 떨어진다는 사실이 밝혀졌다. 게다가 충돌 쓰나미는 파장이 짧아서 지진으로 거대한 지각판이 움직일 때 생기는 파장이 긴 쓰나미보다 일찍 소멸한다. 대륙붕이 없거나 좁은 지역은 충돌 쓰나미가 위협이 될지도 모르겠다. 그러나 아직은 충돌 에너지가 어떻게 해양파ocean wave에너지와 결합되는지, 충돌 쓰나미가 어떻게 바다를 가로질러 해안까지 전파되는지에 관한 후속 연구가 필요하다.

피해는 얼마나 클까

석질 근지구천체의 크기에 따른 추정 개수를 표 8.1에 나타냈다. 이 표는 대기권 충돌을 가정해 천체 크기별로 발생할 수 있는 에너지를 톤, 킬로톤, 메가톤 단위의 TNT 폭발력으로 환산한 수치도 보여준다. 아울러 지구와 충돌하는 평균 빈도와 함께 대기권을 뚫고 들어온 뒤 살아남아 퇴적암에 떨어질 경우 예상되는 충돌구 지름도 제시했다.[3] 이 표는 암석질 충돌체의 전체 밀도가 세제곱센티미터당 2.6그램, 대기권과의 충돌속도는 근지구천체 평균인 초속 17킬로미터, 입사각은 가장 가능성 높은 45도라고 가정하고 작성됐다. 단단하거나 밀도가 더 높거나 진입각이 큰 소행성은 보다 깊이 뚫고 들어갈 것이고, 덜 단단하고 밀도가 낮거나 입사각이 작은 천체는 그보다 높은 지점에서 폭발한다. 보다 작은 충돌체는 대기권을 통과하면서 대부분이 파편화되고 불타 없어져 상당히 많은 질량을 잃는다.

표 8.1에서와 같은 가정이라면 1미터, 10미터, 30미터급 충돌체는 각각 50킬로미터, 30킬로미터, 20킬로미터 고도에서 공중폭발한다. 충돌체는 대기의 저항으로 감속되다 종단속도*에 이른다. 예를 들면 표 8.1에 있는 모든 충돌체들이 초속 17킬로미터로 지구 대기권에 도달한다고 가정하면 1미터, 10미터, 30미터, 100미터급 천체들이 폭발하기 직전의 종단속도는 각각 초속 16킬로미터, 13킬로미터, 9킬로미터, 5킬로미터가 된다. 그보다 큰 충돌체는 상공에서 폭발하지 않고 땅에 충돌한다. 표 8.1에서 가장 큰 충돌체는 지름 10킬로미터로, 6,500만 년 전 공룡의 멸종을 부른 천체의 크기와 비슷하다. 현재 지구 궤도에 접근할 수 있는 잠재적으로 가장 위협이 되는 소행성은 4179 토타티스Toutatis로, 그 긴 축이 4.6킬로미터다. 공룡을 멸종시킨 소행성은 매우 컸거나 아니면 머나먼 오르트구름에서 온 커다란 혜성이었을 수도 있다.

표 8.1에서 가장 작은 충돌체들은 매일 지구에 떨어지며, 밤하늘의 멋진 광경을 선사하는 화구사건은 농구공이나 그보다 큰 충돌체들이 그 주인공이다. 하지만 이런 사건은 대부분 바다나 사람이 살지 않는 지역 하늘에서 거의 모든 사람이 자고 있을 때 일어나기 때문에 모르고 지나갈 때가 많다. 그럼에도 지구를 공전하면서 그 '발밑'을 감시하는 미국 국방성의 적

* 물체가 공기 중에서 떨어질 때 도달할 수 있는 최종속도를 말한다.

표 8.1 충돌체 크기별로 나타낸 평균적인 충돌피해

충돌체 지름[1]	총 개수[2]	충돌에너지 크기[3]	평균 충돌 간격	충돌구 지름
1미터	10억 개	47톤(8톤)	2주	충돌구 없음
10미터	1,000만 개	47킬로톤(19킬로톤)	10년	충돌구 없음
30미터	130만 개	1.3메가톤(0.9메가톤)	200년	충돌구 없음
100미터	2만 500~ 3만 6,000개	47메가톤(4메가톤)	5,200년	1.2킬로미터
140미터	1만 3,000~ 2만 개	129메가톤(49메가톤)	1만 3,000년	2.2킬로미터
500미터	2,400~3,300개	5,870메가톤 (5,610메가톤)	13만 년	7.4킬로미터
1킬로미터	980~1,000개	4만 7,000메가톤 (4만 6,300메가톤)	44만 년	13.6킬로미터
10킬로미터	4개	4,700만 메가톤	8,900만 년	104킬로미터

1 지름 약 160미터까지의 석질 근지구소행성은 초기 에너지의 절반을 유지한 채 땅에 떨어진다. 지상에 심각한 피해를 줄 수 있는 가장 작은 석질 소행성의 지름은 30미터에서 50미터 사이로, 1908년 6월 퉁구스카에 떨어진 충돌체의 크기와 비슷하다.

2 크기에 따른 근지구소행성의 총 개수에 대한 추정치는, 특히 작은 천체에 대해서는 더욱 부정확하다. 100미터, 140미터, 500미터, 1킬로미터급 천체의 총 개수에 대한 추정치는 NEOWISE 적외선 관측에서 가장 적게, 광학 관측에서 가장 크게 나왔다.

3 이 표에서 괄호 밖에 표기한 충돌에너지는 충돌체가 대기권에서 잃어버리는 에너지와 공중폭발 혹은 충돌로 잃은 에너지의 합을 나타낸다. 괄호 안에 표기한 수치는 공중폭발 또는 충돌로 잃어버리는 에너지만을 나타낸다. 예컨대 초기 지름이 140미터인 충돌체의 총 충돌에너지는 TNT 129메가톤에 맞먹지만, 이 가운데 80메가톤은 낙하하는 도중에 충돌체를 산산조각 내고 대기 분자를 가열시키면서 잃어버리고, 결국 충돌체가 지구와 부딪칠 때 발생하는 에너지는 49메가톤이다.

외선 카메라와 가시광 카메라의 눈을 피해갈 수는 없다. 미사일 발사나 핵폭발을 검출하기 위해 만든 이 '하늘의 눈'에는 화구사건이 적어도 며칠에 한 번꼴로 걸려든다. 폭스바겐 비틀 크기의 충돌체가 해마다 몇 차례 발견되며, 이러한 천체가 산산조각 나 대기권으로 떨어지면 지구에서는 소동이 벌어지기도 한다.

그동안 일어난 주목할 만한 충돌사건으로는 1972년 8월 10일 그랜드티턴 화구사건, 1994년 2월 1일 대화구사건, 2007년 9월 15일 카란카스 충돌사건, 1908년 6월 30일 퉁구스카 사건을 비롯해 3,500만 년 전에 일어난 체서피크 만 충돌사건이 있다.

주목할 만한 충돌사건들

그랜드티턴 화구사건

1972년 8월 10일 대낮에 지름 3미터급으로 추정되는 작은 화구가 미국 남쪽 유타 주에서 북쪽으로 아이다호 주, 몬태나 주를 거쳐 캐나다 방향으로 날아가면서 많은 사람들이 이 광경을 목격했다. 와이오밍 산악지대 상공에서 그 인상적인 장면을 본 사람들은 그랜드티턴Grand Teton 화구사건이라 부르기도 한다. 이 근지구소행성은 지평선을 기준으로 아주 낮은 각도로 대기권에 진입해 굉장히 빠른 속도로 지나가는 바람에 지구 중력으로도 붙들어두지 못했으며, 약 60킬로미터 고도까지 스쳐 들어왔다가 다시 대기권 밖 우주로 날아갔다. 그 때문에 이 천체는 질량을 일부 잃었고 속도가 느려졌지만, 지구를 스쳐 지나가면서 피해를 일으킨 것은 거의 없었다.

대화구사건

지금까지 인공위성을 통해 알려진 가장 큰 화구사건은 1994년 2월 1일 남태평양 상공에서 일어난 대화구사건The Great Fireball이다. 만일 독자 여러분이 당시 유람선 갑판에 있었다면 한낮의 태양과 견줄 만한 빛덩어리가 지구 대기 아래쪽으로 떨어지는 광경을 목격했을 것이다. 미국 국방부의 적외선 위성 카메라 영상을 보면 이때 발생한 총 에너지는 60킬로톤이고, 표 8.1에 따르면 충돌을 일으킨 모체의 지름은 10미터가 조금 넘는다는 것을 알 수 있다. 이러한 사건은 평균 10년에 한 번씩 일어나는 것으로 추정된다.

카란카스 충돌사건

티티카카 호수와 볼리비아 국경 부근에 있는 페루의 카란카스라는 마을 근처에 14미터 정도 되는 구덩이를 만든 범인으로 작은 소행성 하나가 지목됐다. 충돌이 일어난 것은 현지시간으로 2007년 9월 15일 오전 11시 45분. 충돌지점에서 20킬로미터 떨어진 곳에서 폭발소리를 들을 수 있었고, 1킬로미터 밖 지방 보건소의 유리창이 깨졌다. 충돌 후 마을 주민 가운데 몇 명이 며칠 동안 아팠다고 보고됐는데, 아마 유황성분의 지하수가 금세 그 구덩이로 스며들었고 당시의 충돌에너지 때문에 그 독성성분이 거품을 일으키며 퍼져나갔기 때문이라고 짐작된다. 운석 크기는 1미터였을 것으로 생각되지만, 더 큰 모천체에서 떨어져나온 파편이라는 증거는 없다. 5센티

그림 8.1 지름이 14미터인 페루 카란카스 충돌구는 2007년 9월 15일 1미터 크기의 작은 소행성이 충돌해 생긴 것으로 보인다(브라운대학교 피터 H. 슐츠 제공).

미터 크기의 작은 오디너리 콘드라이트 파편들이 그 구덩이로부터 200미터 떨어진 곳에서 발견됐다. 이 작은 조각들이 대기를 통과하면서 산산조각 나지 않고 살아남은 원인을 이렇게 추측해볼 수 있다. 그 운석조각들이 예외적으로 결합력이 강했거나 아니면 가늘고 긴 모양인데 그 뾰족한 끝이 가장 먼저 대기에 진입했기 때문일 것이다.

퉁구스카 사건

현지시간으로 1908년 6월 30일 오전 7시 17분, 러시아 시베리아 지방의 퉁구스카 지역 상공에서 보기 드문 충격파 폭발이 일어났다. 폭발지점 수 킬로미터 밖에 있는 나무들까지 다 타버렸고 2,200제곱킬로미터에 걸친 나비 모양의 지역이 초토화됐다. 폭발시점과 충돌체의 비행 방향에 관한 목격자들의 증언은 모두 달랐지만, 폭발이 일어난 곳과 900킬로미터 떨어져 있는 러시아 이르쿠츠크는 물론이고 우즈베키스탄 타슈켄트, 조지아 트빌리시, 독일 예나에서 지자기교란이 감지됐다. 무려 4,000킬로미터 떨어진 러시아 상트페테르부르크의 지진관측소에서도 지자기교란이 감지됐고, 더 멀리 떨어진 세계 곳곳의 관측소에서도 같은 신호가 잡혔다. 이 폭발은 당시 유라시아 지역에서 운영 중이던 여러 지진관측소에서 리히터 규모 5.0으로 기록됐다. 북유럽에서는 대기 중에 떠 있는 많은 양의 먼지가 햇빛에 반사되어 밤에도 밝게 보이는 현상이 퉁구스카 사건이 있던 날 밤부터 며칠 동안 지속됐다. 그동안 하늘이 어찌나 밝았넌지 한밤중에도 신문을 읽을 수 있을 정도였다. 폭발이 일어난 지역은 쑥대밭이 됐지만, 이렇다 할 구덩이 하나 남지 않았다. 그곳은 워낙 외딴 지역이라서 1927년 봄이 되어서야 러시아 과학자인 레오니트 알렉세예비치 쿨리크가 이끄는 조사팀이 현장

에 도착했다.[4]

퉁구스카 사건의 가장 가능성 높은 원인은 40미터급 소행성이 지구 대기에 충돌하면서 폭발해 3~5메가톤의 에너지를 방출했다는 것이다. 최근 마크 보슬로와 동료들이 계산결과를 발표하기 전까지만 해도 공중 핵실험과 지상피해를 기초로 추산한 퉁구스카 사건 당시 폭발에너지는 10~15메가톤일 것으로 추정됐다. 그런데 보슬로가 좀더 정밀하게 컴퓨터 모의실험을 해본 결과 이 사건은 특정 고도에서 일어난 점폭발*이 아니라 충돌체가 고속으로 질주하며 일어난 폭발이라 더 큰 폭발운동량이 지표에 전달됐을 거라고 생각된다.

40미터급 소행성은 수백 년에 한 번꼴로 지구에 충돌한다고 생각되므로 이 사건이 100년 전에 일어난 것은 그럴듯해 보인다. 하지만 퉁구스카 사건에 관해서는 이견이 많다. 그 중에는 가능성이 낮은 것부터 전혀 터무니없는 것에 이르기까지 다양하다. 예컨대 혜성 충돌, 소형 블랙홀, 반물질, 외계 우주선의 충돌, 백조자리 61번 별 주변에 숨어 지내는 진화된 종이 쏴 보낸 과도한 레이저 신호라는 설 등이 그렇다. 그런가 하면 이 인적 없는 지역의 주민들은 '오그디'라는 신이 숲을 작살내고 동물들을 살육하는 무서운 저주를 내렸다고 믿었다.

체서피크 만 충돌사건

미국 버지니아 주와 메릴랜드 주에 걸친 체서피크 만 지역 주민들은 이곳이 살기 좋은 땅이라고 말하지만, 3,500만 년 전 3~5킬로미터급 소행성이 델마바 반도 남단 부근인 지금의 버지니아 주 케이프찰스 근처에 충돌

* 공간상의 한 지점에서 정지상태로 일어난 폭발을 말한다.

그림 8.2 1908년 6월 30일 이른 아침, 러시아 시베리아에서 소행성 하나가 대기권에 충돌해 충격파 폭발이 일어났고, 2,200제곱킬로미터에 걸쳐 수백만 그루의 나무가 폭삭 주저앉았다. 이곳은 인적이 매우 드문 지역이었고, 인명피해는 보고되지 않았다.

했을 당시에는 하나도 좋을 게 없었다. 3,500만 년 전 이곳에는 충돌 직후 꼬리에 꼬리를 물고 일어나는 쓰나미 때문에 지름이 85킬로미터 정도 되는 큰 구덩이가 생겼다. 유서 깊은 윌리엄스버그와 제임스타운은 이 충돌지역 외곽에 있었다. 이 충돌사건에 대한 증거는 믿을 만하다. 암석 표본을 얻기 위해 시추를 해보니 격렬한 충돌이 일어날 때 생기는 충격석영이 나타났고, 지층에는 오래된 화석이 그보다 나중에 생긴 화석 위에 뒤섞여 있었다. 과거 이곳은 모래와 물이 층을 이룬 오래된 지층으로 물 공급원으로 쓰였다. 이 대수층*은 격렬한 충돌로 엉망이 됐으며, 염분이 섞여 더 이상 우물

* 다공질 암석이 많아 지하수가 많이 포함된 지층을 말한다.

로 쓸 수 없게 됐다.

과시적인 혜성의 충돌 위협

과거 수천 년 동안 밝은 혜성이 나타날 때마다 기록이 남았지만, 소행성은 그렇지 못했다. 그러다 1801년 소행성 세레스가 처음 발견됐고 1898년 최초의 근지구소행성 에로스가, 1932년에는 최초의 지구위협 소행성 아폴로가 발견됐다. 혜성은 태양에 가까워지면 가스와 먼지를 내뿜어 우리 눈에 쉽게 띄지만, 소행성은 상대적으로 어두워 맨눈으로 보기 어렵다.[5]

공전주기가 200년보다 긴 장주기혜성이 지구를 위협하는 궤도에서 발견된다면 우리가 충돌을 막거나 위험을 완화시키기는 대단히 어렵다. 혜성이 태양계 외곽 저 먼 곳에서 오더라도 내태양계로 들어오는 것을 미리 예측하기는 힘들고, 따라서 충돌 경고시간은 수년이 아닌 수개월 이내가 될 수밖에 없다. 대개 장주기혜성은 목성 궤도 안쪽으로 들어올 때까지 활동성을 보이지 않기 때문에 발견하기 어렵고, 거기서 지구 궤도까지 들어오는 데 불과 9개월밖에 걸리지 않는다.

충돌에너지는 천체의 질량(밀도)과 충돌속도의 제곱에 비례한다. 장주기혜성의 전형적인 충돌속도는 초속 51킬로미터로, 근지구소행성의 충돌속도인 초속 17킬로미터의 세 배다. 따라서 장주기혜성의 충돌에너지는 질량이 비슷하더라도 근지구소행성보다 아홉 배 크다. 그러나 세제곱센티미터당 약 0.6그램인 혜성의 밀도는 약 2.6그램인 석질 소행성보다 몇 배 낮아 결국 석질 근지구소행성과 크기가 같다면 혜성의 충돌에너지는 소행성에

비해 두 배밖에 크지 않다.[6]

혜성의 지구충돌 확률은 근지구소행성의 1퍼센트 이하다. 이를 뒷받침하는 몇 가지 증거가 있다. 즈데넥 세카니나와 필자는 1300년과 2000년 사이에 기록된 안정적인 궤도를 도는 혜성들을 모두 검토했다. 우리는 혜성이 지구로부터 특정 거리 안으로 접근한 횟수에 주목했다. 우리가 분석한 결과에 따르면 장주기혜성은 소행성보다 훨씬 드문 평균 4,300만 년에 한 번씩 지구와 충돌하는 것으로 예측된다. 앨런 체임벌린과 필자는 근지구 천체 가운데 소행성 대비 혜성의 수를 알아내기 위해 좀더 직접적인 방법을 사용했다. 우리는 1900년과 2011년 1월 사이 크기에 상관없이 우리가 아는 근지구소행성 2,460개가 지구에 0.05AU 이내로 3,901차례 접근했다는 사실에 주목했다. 같은 기간 동안 목성족 혜성*(1927년 6월 7P/폰스-비네케Pons-Winnecke, 1947년 4월 1999 P/R1 소호SOHO, 1999년 6월 P/1999 J6 소호SOHO) 세 개와 장주기혜성(1983년 5월 C/1983 H1 아이라스-아라키-알콕IRAS-Araki-Alcock) 한 개만 그만큼 가까이 접근했다. 핼리형 혜성** 중에는 그만큼 가까이 접근한 것이 없다.

때문에 우리가 근지구소행성과 비교할 때 목성족 혜성, 핼리형 혜성, 장주기혜성을 포함해 모든 혜성의 지구충돌 횟수는 1퍼센트에 훨씬 못 미친다고 할 수 있다. 그러나 크기가 커지면 상황이 달라져 지구와 충돌 가능성 있는 대형 혜성과 대형 근지구소행성의 수는 비슷해진다.

* 단주기혜성은 원일점 위치에 따라 목성족, 토성족, 천왕성족, 해왕성족과 같이 구분하는데, 목성족 혜성은 목성 부근을 원일점으로, 지구나 금성 부근을 근일점으로 하는 혜성이다.

** 20년에서 200년 사이의 공전주기를 갖는 혜성이다.

소행성의 위협?

2003년 나사는 소행성이 충돌할 경우 우리 문명이 치러야 하는 대가가 너무 크기 때문에 당시 진행 중이던 지상시설을 이용한 탐사관측을 계속해야 한다고 발표했다. 탐사관측을 통해 어떤 천체를 발견하고 수년간 이를 추적한 뒤 결국은 위험하지 않다는 사실이 확인되기도 하고, 상대적으로 큰 천체가 지구를 위협하는 궤도에서 발견되는 가능성 낮은 사건이 벌어져도 궤도변경 임무에 착수할 시간은 벌 수 있을 것이다. 어떤 경우든 발견된 천체에 대해 처음 평가된 위험은 수십 년에 걸쳐 극적으로 감소한다. 따라서 이들을 발견하고 추적하는 나사의 근지구천체 관측 프로그램Near-Earth Object Observations Program은 그동안 매우 성공적이었다고 평가된다.

지금까지 성공적으로 수행해온 근지구천체 탐사관측 프로그램을 발판으로 우리는 앞으로 무엇을 더 해야 할까? 나사의 현재 목표는 140미터보다 큰 잠재적으로 지구에 위협이 될 수 있는 근지구천체의 90퍼센트를 찾아 추적하고, 그 천체들의 전형적인 물리적 특성을 알아내는 것이다. 하지만 지금까지 발견된 것은 그 절반에도 못 미친다. 현재 가동 중인 망원경들을 이용해 목표를 이루려면 여러 해를 더 기다려야 한다.

근지구천체로 인한 위험은 다른 위험과 비교할 때 어느 정도일까? 아직 발견되지 않은 대형 천체들은 항상 근지구소행성에 의한 위험의 대부분을 차지한다. 1~2킬로미터급 천체가 충돌한다면 수십억 명이 사망하고 이러한 사건은 평균 100만 년에 한 번꼴로 일어난다. 따라서 아주 오랜 시간에 대해 평균을 낸다면 연평균 사망자는 약 1,000명에 이른다. 현재 근지구천체 탐사관측 프로그램을 통해 이미 전체의 90퍼센트 이상을 찾아낸 것으로 보이며, 이 가운데 향후 100년 안에 당장 위협이 될 만한 것은 없다. 따라서 남아 있는 단기적인 위험은 1년에 약 100명이 사망하는 것이다. 이 수치는 발견되는 근지구천체의 수가 늘어날수록 점점 감소할 것이다.

표 8.2에 수록된 자료의 대부분은 2010년 미국국립연구회 보고서에 실린 내용이다. 이 보고서는 뉴멕시코 주 앨버커키에 있는 샌디아국립연구소 과학자인 마크 보슬로의 소수의견도 포함하고 있다. 보슬로는 표 8.2 같은 자료에 장기 기후변화에 따른 연간 사망자 15만 명도 들어가야 한다고 주장한다. 이 수치는 세계보건기구에서 나온 것이며, 보슬로는 파국적인 근지구천체의 충돌로 인한 추정 사망자 수는 주로 기후변화로 인한 영향을 예측하기 위해 개발된 컴퓨터 모형에서 나온다고 말했다. 그러나 보슬로의 주장을 뒷받침하는 믿을 만한 추정치를 얻을 수 없었으며, 이 주제는 당면한 문제에서 관심을 딴 곳으로 돌릴 수 있다는 이유로 보고서 본문에 포함되지 않았다.[7]

날아와서 부딪치는 것들

지금까지 근지구천체가 직접적인 원인이 되어 사람이 사망했다고 기록되거나 확인된 통계는 없다. 그러나 자동차가 부서지고 건물이 망가졌으며, 지난 1992년 8월 우간다에서는 한 소년이 상처는 입지 않았지만 머리에 작은 운석조각을 맞았다. 그런가 하면 떨어지는 돌과 철덩어리로 인해 사망자가 속출하고 거주지가 파괴됐다는 고대 중국의 기록도 전해지지만, 진위를 판단하기는 어렵다.

표 8.2 근지구천체 충돌로 인한 연간 추정 사망자 수 100명과 다양한 사고와 사건, 질병으로 발생하는 전세계 연간 평균 사망자 수를 비교한 자료

위협	연간 추정 사망자 수(명)
상어의 공격	3~7
소행성 충돌	91
지진	3만 6,000
말라리아	100만
교통사고	120만
공기오염	200만
에이즈	210만
담배	500만

※ 연간 91명이라는 추정 사망자 수는 상어 공격에 의한 경우보다 높고 불꽃놀이의 경우와 대략 비슷하다. 그러나 불꽃놀이가 넓은 지역을 잿더미로 만들거나 멸종사건을 일으킬 가능성은 전혀 없다. 근지구소행성에 의한 충돌은 발생 가능성은 아주 낮지만 영향력이 매우 큰 사건이기 때문에 이 표와 같은 비교자료는 오해를 불러일으킬 소지가 있다. 실제로 매년 91명이 소행성 충돌로 사망하지는 않는다. 이 수치는 아주 드물게 일어나는 대형참사를 오랜 시간에 대해 평균해서 산출한 수치다.

북미에서 사람이 운석에 맞았다고 기록된 몇 안 되는, 아마도 유일한 사건은 1954년 11월 30일 일어났다. 3.9킬로그램 나가는 석질 운석이 앨라배마 주 실라코가의 어떤 집 지붕을 뚫고 들어가 라디오에 부딪쳐 튕겨졌다가 바로 옆 긴 의자에 잠들어 있던 여성을 때리고 떨어졌다고 한다. 이 여성은 왼쪽 엉덩이와 팔에 심하게 멍이 들어 고통을 겪었다.

우리는 땅에 떨어지는 운석의 수를 추산해 운석이 사람을 때릴 확률을 추정할 수 있다. 그 추정치는 북미 대륙에서 평균 180년에 한 번꼴이다(운석이 건물에 충돌할 확률은 1년에 한 번꼴이다). 이를 지표면 전체로 확대하면

9년에 한 번 사람이 운석에 얻어맞을 수 있으며, 매년 16개의 건물에 운석이 떨어지는 셈이다. 작은 소행성은 정말 많기 때문에 규모가 큰 소행성보다 지구에 충돌할 확률이 훨씬 높다. 대규모 근지구천체의 충돌은 극히 드물고 무언가를 때릴 가능성 역시 낮지만, 그러한 일은 실제로 발생하고 결국 대형참사로 이어진다는 사실을 명심해야 한다. 문명이 위기에 처한다면 도박을 할 수 없다.

9장

-

충돌을 예측하다

예측하는 일은 어렵다.

특히 미래에 대해서는 더욱 그렇다.

– 요기 베라*의 말에서 영감을 받아

* 요기 베라는 미국 프로야구팀 뉴욕 양키즈에서 활약한 포수로 "끝날 때까지는 끝난 게 아니다"라는 명언을 남겼다.

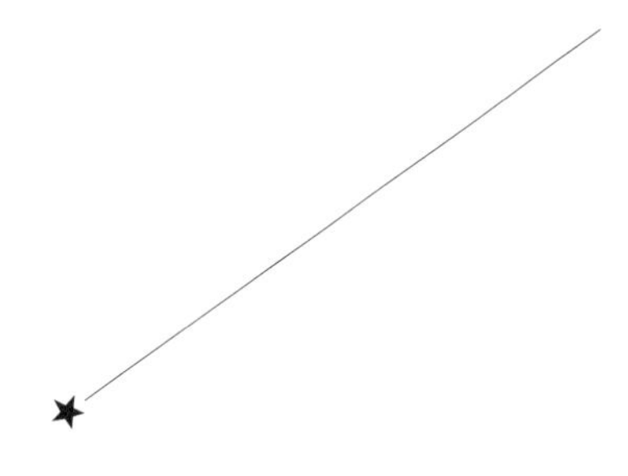

"이봐요 백악관 양반들,

지금 소행성이 날아오고 있다고요."

미국 동부표준시로 2008년 10월 6일 아침, 소행성센터 소장인 팀 스파는 컴퓨터 모니터에 뜬 결과를 도무지 믿을 수가 없었다. 근지구소행성 하나가 앞으로 12시간 안에 지구와 충돌한다는 예측이었다. 그는 카탈리나 전천탐사팀의 리처드 코왈스키가 찾은 빠르게 움직이는 천체에 관한 데이터를 이제 막 받았고, 이를 기초로 예비궤도를 계산했더니 충돌이 임박한 게 확실해 보였다. 그는 지체 없이 나사 본부의 린들리 존슨과 제트추진연구소의 스티브 체슬리에게 이를 알린 뒤 소행성센터 근지구천체 인증 웹페이지에 궤도자료를 올렸다.

이를 지켜보던 아마추어 천문가와 천문학자 26명은 2008 TC3라는 임시 이름이 붙은 이 천체로 망원경을 돌렸고, 소행성센터에 후속 관측자료를 보고하기 시작했다. 그 자료는 곧 제트추진연구소로 전송됐고, 스티브 체슬리는 정밀 궤도계산을 바탕으로 예상 충돌시점과 충돌지점을 계속 갱신했다. 북아프리카 상공 어딘가에서 공중폭발이 일어날 것이 분명했다. 2008 TC3는 가까운 거리에 있지만 어두운 것으로 보아 그 크기가 몇 미터 밖에 되지 않으며 지상에 피해를 입히지 않을 가능성이 컸다. 그렇지만 정밀한 폭발시각과 위치는 중요했다. 그 영향권에 있는 사람들을 안심시키고, 과학자들에게 그 모체(소행성)의 성분 분석에 쓰일 귀중한 운석이 떨어질 수 있다는 사실을 알려야 했기 때문이다.

제트추진연구소는 첫 자료를 받은 지 한 시간이 채 안 되어 문제의 천체가 그리니치 시간으로 10월 7일 오전 2시 46분경(수단 현지시간으로 오전 5시 46분)에 수단 북부 상공에서 대기권에 진입할 것이라고 예보했다. 시간이 흐름에 따라 소행성센터에는 더 많은 데이터가 접수되고 제트추진연구소로 그 자료가 전달되면서 스티브 체슬리와 폴 초더스는 2008 TC3의 궤도를 계속 개선했고, 천문학계와 나사 본부에 새로운 예측치를 보고했다.

이 천체의 추정 크기를 볼 때 이는 화구가 되어 떨어질 뿐 지상에는 아무런 피해를 주지 않을 것이 확실했다. 그러나 만약의 사태에 대비해 나사 본부는 국가안전보장회의와 백악관 과학기술정책국, 국무부, 국토안보부, 국방부 산하 국립군사명령센터, 공군 우주사령부 산하 합동우주운영센터 담당관들에게 알렸다. 한편 나사는 보도자료를 통해 이를 일반인들에게도 공표했다. 충돌 예보를 담은 나사의 공식 이메일은 백악관 공보관에게도 발송됐는데, 당시 조지 W. 부시 대통령의 백악관 공보비서였던 다나 페리노는 자신이 재직기간 동안 받은 가장 특이한 이메일이었다고 회고했다.[1]

다음날 동트기 전, 예측했던 바로 그 시각에 수단 북부 상공에 화구가 떨어지면서 하늘을 밝혔다. 차드 상공을 비행하던 KLM 항공기 조종사가 이를 목격했고, 폭발로 생긴 작은 운석 파편들이 바로 그 아래 누비아 사막으로 흩어졌다. 해마다 몇 차례 지구 곳곳에서 이처럼 소규모 충돌이 일어나지만 이 경우는 이례적이었다. 소행성이 떨어지기 전에 발견됐고, 역사상 최초로 충돌위치와 충돌시간을 사전에 예측했기 때문이다.

2008 TC3는 37킬로미터 상공에서 공중폭발했으며, 그 폭발력은 1킬로톤의 TNT 폭발에너지와 맞먹었다. 예측된 충돌시간과 위치는 미국 미사일경보시스템과 지상관측소 두 곳에서 검출한 저주파신호, 그리고 메티오셋8Meteosat8 기상위성이 찍은 영상을 포함해 소행성이 대기권에 진입하는 동안 관측된 모든 내용과 일치했다. 제트추진연구소는 사건 직후 공개된 측정자료를 포함해 사용 가능한 모든 데이터를 세심하게 검토해 최종 추정 궤도를 계산했다. 추정 궤도는 2008 TC3가 대기권에 진입한 시각을 기준으로 수킬로미터 차이로 정확했다.

우리는 소행성 충돌을 정밀하게 예측한 이번 사례를 통해 이를 발견하고 궤도를 예측하는 근지구천체 프로그램 전 과정이 상당히 발전했다는 사실을 확인했다. 모체 크기가 4미터인 2008 TC3는 지구와 달 사이 거리의 1.3배 되는 곳에서 발견됐다. 전세계 26개 천문대에서 소행성이 다가오는 몇 시간 동안 관측 데이터를 제공했고, 천문학자들은 궤도와 낙하궤적을 계산하고 검토해 충돌 훨씬 이전인 발견 20시간 만에 공표했다. 폭발고도는 37킬로미터, 시간과 위치는 관측자료와 경도 1초, 위도 10분의 1도 이내에서 일치했다. 역사상 처음으로 소행성 충돌이 예보된 이 사건에서 근지구천체 충돌경보 시스템은 훌륭하게 작동했다.

그 몇 달 뒤 제트추진연구소의 스티브 체슬리와 폴 초더스는 2008 TC3의 낙하궤적 추적결과를 제공했고, 캘리포니아에 있는 외계생명체연구소

SETI Institute의 피터 제니스킨스와 카르툼대학교의 무아위아 H. 샤다드의 주도 아래 운석 수거를 위한 현지 원정탐사가 진행됐다. 이들은 2008 TC3에서 떨어져 나온 총 4킬로그램의 운석 수백 개를 회수하는 데 성공했다.

이 파편 대부분은 탄소질 콘드라이트 물질 일부가 녹은, 유레일라이트 ureilite 운석으로 분류되는 비교적 희귀한 물질로 이루어져 있었지만 그밖에 흔한 운석물질도 포함하고 있었다. 작은 소행성들은 구성성분이 균질할 것으로 예상했기 때문에 의외의 결과였다. 이 소행성은 아마도 여러 물질이 혼합되는 과정을 겪었을 거라고 생각된다. 어쩌면 먼 과거에 일반적인 화학조성을 가진 몇 종류의 소행성들이 연쇄적으로 충돌, 병합하는 사건이 일어났고, 2008 TC3는 그 결과 생성된 2세대 소행성이었을지도 모른다. 이 파편들은 이제 '알마타 시타Almahata Sitta 운석'으로 불린다. 알마타 시타는 수단 북부 이 운석이 수거된 지역 부근의 외딴 기차역이자 트럭 정류소이면서 찻집인 스테이션 식스Station Six의 아랍어 표현이다.

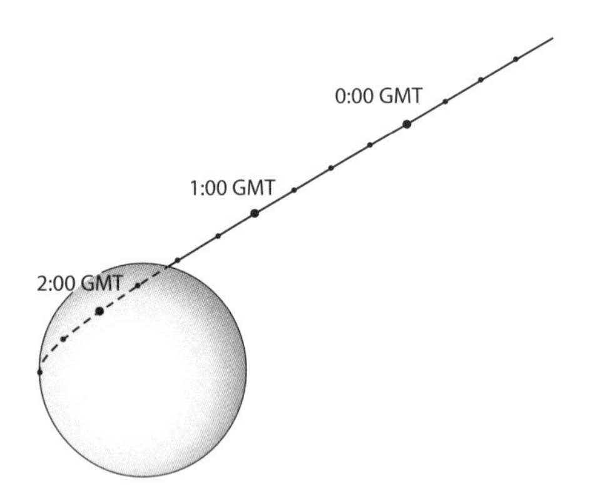

그림 9.1 지구에 충돌한 소행성 2008 TC3의 최종 궤적을 나타낸 이 그림은 태양에서 바라본 것이다. 그리니치 표준시 기준으로 2008년 10월 7일 오전 1시 49분쯤 이 소행성이 지구의 그림자 안으로 들어왔기 때문에 그림에서 궤도의 마지막 부분은 지구 뒤에 가려져 있다.

궤도는 어떻게 결정하나

천문학자들은 보통 발견 당시에 얻은 얼마 되지 않는 초기 관측자료를 바탕으로 해당 천체에 대한 궤도결정 작업을 시작한다. 1801년 최초의 소행성인 세레스가 발견됐을 때 성공적으로 사용했던 가우스 방법은 천체의 예비궤도를 결정하는 방법 가운데 하나다. 예비궤도가 결정되면 후속 관측 결과를 적용해 계산된 궤도가 특정 시간의 실제 위치를 제대로 예측할 수 있을 때까지 초기 궤도변수들을 조정해 궤도를 개선한다. 즉 초기 궤도를 대입해 계산된 천체의 위치를 특정 시간에 관측된 실제 위치와 비교한다. 그리고 관측시각마다 예상 위치와 실제 천체의 관측된 위치 사이의 차(또는 오차)가 최소가 될 때까지 초기 궤도를 조금씩 조정한다.

가시광으로 관측한 소행성의 위치를 이용해 초기 궤도를 계산하고, 레이더 관측도 가능하다면 궤도의 정밀도를 극적으로 개선시킬 수 있다. 초기 궤도는 특정 시점(또는 기점*)을 기준으로 산출된 여섯 가지 궤도요소**를 모두 포함한다. 이처럼 초기 조건을 알면 이웃 행성과 달, 큰 소행성들로 인한 미세한 영향과 혜성의 가스 분출로 생기는 효과, 작은 소행성에 작용하는 야르콥스키 열 재방출 효과를 넣어 컴퓨터로 그 천체의 과거와 미래의 궤도를 계산할 수 있다.

이처럼 궤도를 계산할 때 특정 시점에 천체가 통과할 가능성이 가장 높은 위치를 중심으로 그 천체가 지나갈 가능성이 있는 모든 지점을 불확성 타원체로 표현한다. 마치 미식축구공 같은 타원체의 중심, 즉 천체가 통과

* 천문학에서 천체 궤도요소의 기준이 되는 관측시점 또는 계산시점을 말한다.

** 궤도장반경, 궤도이심률, 궤도경사각, 근일점이각, 승교점이각, 근일점 통과시각을 말한다.

할 가능성이 가장 높은 지점은 공의 중심에 해당하고, 그보다 가능성은 낮지만 그 천체가 통과할 수 있는 타원체의 나머지 영역은 공의 나머지 부분에 해당한다고 가정해보자. 어떤 천체가 공의 중심에서 양 끝 중 한쪽으로 움직인다면 그 천체가 그 중심에 위치할 확률은 줄어든다. 그리고 이를 통해 천체의 운동을 먼 미래까지 예측해보면 위치의 불확정성은 대체로 시간에 따라 증가한다. 이번에는 태양을 중심으로 궤도운동을 하는 천체의 불확정 타원체(또는 미식축구공)가 시간에 따라 점점 납작해지면서 길어진다고 상상해보자. 미래 어느 순간 길쭉해진 타원체의 어느 한 지점이라도 지구와 접촉한다면, 충돌 가능성은 배제할 수 없다. 즉 충돌 가능성이 0이 아니다.[2]

이제 지구로 향하는 천체의 운동궤적에 수직하면서 지구를 통과하는 평면을 그려보자. 이렇게 하면 3차원 불확정 타원체가 지구와의 충돌평면에서 2차원 불확정 타원으로 투영된다. 이때 지구와 접촉하는 불확정 타원의 작은 영역을 전체 타원의 면적으로 나눈 몫이 충돌확률이다. 만약 그 천체의 불확정 타원 전체가 지구 위에 그대로 투영된다면 충돌확률은 1(또는 100퍼센트)이 된다. 모든 게 끝장이다.

그러나 가시광과 레이더 관측 데이터가 많아질수록 근지구천체의 궤도는 정밀해지기 때문에 공칭위치(즉 불확정 타원의 중심) 주변에 있는 불확정 영역은 점차 줄어든다. 그리고 결국에는 불확정 타원이 지구를 벗어날 수 있다. 최근 발견된 근지구천체들은 궤도 계산에 많은 오차가 포함되어 있기 때문에 충돌확률이 0이 아니지만, 추가로 후속 관측이 이루어지고 그 데이터가 궤도 결정에 포함되면 충돌확률이 줄어들어 0퍼센트까지 떨어질 수 있다.

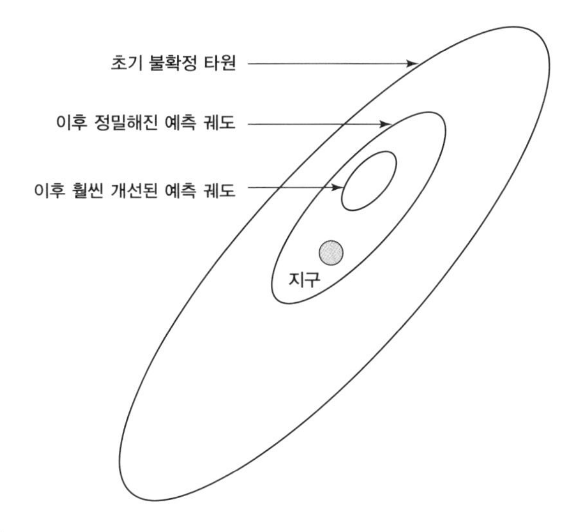

그림 9.2 지구를 중심으로 나타낸 근지구천체의 불확정 타원. 천체가 지구에 가장 가까이 접근할 때 불확정 타원체를 진입 궤도에 수직한 평면에 투영하면 불확정 타원이 나타난다. 이때 타원의 어느 한 부분이라도 지구의 포획단면적capture cross section에 닿거나 포함된다면 충돌이 일어난다. 우리가 계산한 천체의 초기 궤도가 불확실하다면 그 천체의 미래 궤도도 불확실해질 수밖에 없다. 이 경우 지구가 처음에는 상대적으로 넓은 불확정 타원에 들어갈 수 있고, 충돌을 배제할 수 없다. 그러나 계산에 더 많은 데이터를 사용할 수 있다면 천체의 미래 위치를 예측하는 데 정밀도가 향상되며, 지구에 접근하는 천체의 불확정 타원이 줄어들면서 이후 궤도 계산에서는 지구와의 충돌 가능성이 배제될 가능성이 크다.

여기서 우리가 명심해야 할 것은 잠재적으로 위협이 되는 근지구천체들을 지속적으로 관측하고 추적해야 한다는 사실이다.

나사의 근지구천체 프로그램 연구실

1998년 7월 나사는 근지구천체를 발견하고 궤도운동을 감시하며, 향후 이 천체들의 지구 접근과 충돌확률 예측업무를 총괄관리하기 위해 제트추진연구소에 근지구천체 프로그램 연구실Near-Earth Object Program Office을 설치했다. 이듬해 3월 이 연구실은 전용 웹사이트를 공개했다. 이 웹페이지에는 근지구천체에 대한 궤도자료와 정밀궤도력ephemeris*, 근지구천체의 지구접근 예보와 이들 천체의 물리적 특성이 게시된다.[3]

근지구천체 프로그램 연구실은 소행성센터로부터 측성astrometry** 자료와 예비궤도를 제공받고, 추가 자료가 들어오는 대로 근지구천체의 궤도와 지구접근 예보내용을 지속적으로 갱신한다. 새로 계산된 궤도가 관측자료와 잘 맞아떨어지면 그 천체의 궤도를 먼 미래까지 적분해*** 100년 안에 지구접근 가능성이 있는지 확인한다. 이 연구실에서 하는 궤도 계산은 달, 행성, 큰 소행성들이 일으키는 중력섭동**** 뿐아니라 상대론적 효과와 열재방출, 기체 분출 효과들을 포함한 최신 컴퓨터 수치모형을 이용한다. 이처럼 새로 갱신된 궤도와 지구접근 예보는 자동으로 처리되어 곧 연구실 웹사이트에 게시된다. 지구충돌 가능성을 배제할 수 없는 천체에 대해서는 추가로 그 위험을 분석하기 위해 센트리시스템에 자동으로 자료를 전송하도록 프로그램되어 있다.

센트리시스템은 이러한 천체의 미래 궤도를 점검하고 특정 날짜에 대해 지구와의 충돌확률을 계산하며, 예측결과는 즉시 제트추진연구소의 근지구천체 웹사이트에 게시된다. 이러한 자동 프로세스가 중단되는 유일한

---

* 시간에 따라 변하는 천체의 위치, 밝기 등 관측에 필요한 중요한 정보가 수록되어 있다.

** 천체의 위치를 측정하는 일이다.

*** 근지구천체의 미래 궤도를 계산하는 데 수치적분 방법을 쓴다.

**** 세 개의 천체가 있을 때 두 개 천체의 중력에 의해 나머지 천체의 궤도운동이 변하는 현상이다.

경우는 센트리시스템이 충돌이 임박한 천체를 발견할 때다. 물론 그 천체가 비교적 크고 충돌확률이 높은 경우다. 이와 같은 상황이 일어나면 관련 정보가 웹사이트에 등록되기 전에 시스템은 연구실 직원에게 확인을 요청하는 이메일을 보낸다. 충돌확률을 확인하는 과정에서 연구자들은 이탈리아 피사에 있는 동료들과 이메일로 계산결과를 비교하고 결과가 일치하면 이 사실을 나사 본부에 알린다(5장 참고).

동시에 근지구천체 프로그램 연구실은 이와 독립적으로 추가 검증을 진행한다. 관측사실과 잘 맞지만 궤도요소가 조금씩 다른 수천 개의 유사한 궤도를 결정하고, 이를 수치적분해 미래에 일어날 가능성이 있는 지구 충돌 시점까지 계산한다. 몬테카를로 기법이라고 부르는 이 방법을 통해 과학자들은 지구와 충돌하는 '변종' 궤도의 수를 존재할 가능성이 있는 모든 '변종' 궤도의 수로 나누어 충돌확률을 정밀하게 계산한다. 이처럼 컴퓨터를 이용해 정밀도가 향상된 몬테카를로 기법은 이보다 빠른 센트리시스템의 결과를 검증하는 데 활용한다.

이따금씩 인공위성이 소형 근지구천체로 잘못 보고되는 일이 일어난다. 아폴로 8호, 9호, 10호, 11호, 12호 모두에 사용된 S-IVB 로켓 부스터는 지구 궤도 안쪽에서 생을 마감했다. 문제는 이와 거의 비슷한 궤도를 도는 근지구소행성이 정말 많다는 것이다. 폴 초더스는 최근 발견된 근지구천체가 과거 아폴로 우주선이 발사될 무렵 지구에 접근했는지를 조사해 그 천체가 소행성인지 아폴로 로켓인지 확인해달라는 요청을 몇 차례 받았다. 2002년 9월 3일 천문학자 빌 옝이 발견한 작은 근지구천체가 일시적으로 지구 궤도를 돈다는 사실이 알려졌다. 초더스는 그 움직임을 조사해 이 물체가 2003년 6월 태양 중심 궤도로 들어온 아폴로 12호의

S-IVB 로켓일 가능성이 크다고 발표했다. 이를 확인하기 위해 실제로 관측해보니 그 스펙트럼이 나사가 과거 새턴 로켓에 칠한 것과 같은 이산화티타늄 페인트의 스펙트럼 지문과 일치했다.

지구와의 조우, 장기적으로 예측하기

제트추진연구소의 센트리시스템과 피사대학교의 NEODyS 시스템은 근지구천체의 궤도를 현재 시점부터 약 100년 이후까지 계산한다. 대체로 먼 미래까지 궤도를 장기 예측할 때 궤도 계산의 불확정성은 증가한다. 특히 문제의 천체가 행성 주변을 통과할 경우 더욱 그렇다. 소행성이 행성에 접근할 때 개입되는 계산상의 불확정성 때문에 궤도 정밀도가 심각하게 훼손되며, 이후 정밀 예측이 어려워진다. 그러나 일부 소행성은 장기간 수행된 가시광 관측과 강력한 레이더 관측 덕분에 궤도가 아주 잘 확립되어 있고, 100년 이후까지 이를 예측하는 데 문제가 없다. 근지구소행성 1950 DA와 1999 RQ36이 바로 그런 예다.

근지구소행성 29075 1950 DA는 크기가 약 1킬로미터일 것으로 추정된다. 현재 그 궤도장반경이 100미터 이내의 불확정성을 갖는 정밀궤도를 유지하게 된 비결은 1950년 이후 진행된 집중적인 가시광 관측과 2001년 3월 수행된 레이더 관측 덕분이다. 2002년 존 조지니가 주도한 연구에서 이 천체는 먼 미래에, 즉 앞으로 9세기 후인 2880년 3월 16일이라는 먼 미래에 지구와 충돌할 가능성이 있다고 밝혀졌다. 지금과 2880년 사이의 긴 시간 간격 때문에 조지니와 동료들은 미래의 소행성 운동을 예측할 때 일반적으로 고려하지 않는 여러 가지 미세한 섭동효과들을 검토했다. 여기에는 우리은하에 있는 별들의 중력과 여러 소행성들, 시간에 따라 질량이 줄어드는 타원체인 태양, 행성 질량의 불확정성, 컴퓨터 연산과정에 나타나는 불확정성 같은 다양한 요인들이 포함됐다. 그들은 태양으로부터 방출되는 하전입자의 흐름인 태양풍과 햇빛의 광압, 야르콥스키 효과로 알려진 햇빛이 열로 재방출되어 소행성에 미치는 압력에 대해서도 조사했다.

존 조지니와 그의 동료들이 얻은 결론은 2880년에 일어날지도 모를 충돌은 아직 1950 DA에 대해서는 잘 알려지지 않은 야르콥스키 효과에 주로 영향받을 수 있으며, 따라서 이 소행성의 자전 특성과 그밖에 잘 알려지지 않은 물리적 특성에 좌우된다는 것이다. 예를 들어 소행성의 자전방향과 공전방향이 같은 경우 야르콥스키 효과 때문에 1950 DA의 궤도에너지가 증가해 공전주기가 늘어나며, 2880년에는 이 소행성과 그 불확정 영역이 지구와 더 가까워질 수 있다. 이때 소행성의 반사율과 질량, 그 표면특성이 잘 맞아떨어진다면 충돌확률이 무려 300분의 1까지 높아질 수 있다. 그렇지만 지금까지 알려진 가장 가능성 높은 시나리오에 따르면 1950 DA는 2880년 3월 지구와 충분한 거리를 두고 빗겨간다.

여러 해에 걸친 가시광 관측과 1999년, 2005년, 2011년 이루어진 세 차례의 레이더 관측 덕분에 근지구소행성 101955 1999 RQ36도 현재 궤도장반경이 수미터 내의 불확정성을 유지해 궤도가 상당히 잘 결정되어 있다. 레이더 관측을 기초로 1999 RQ36은 지름이 약 500미터이며, 4.3시간에 한 번씩 공전방향과 반대인 역방향으로 자전한다는 것을 알아냈다. 안드레아 밀라니와 스티브 체슬리, 동료들이 2009년과 2011년 진행한 연구에 따르면 이 소행성 역시 22세기 후반 가능성은 낮지만 몇 차례의 지구충돌 가능성이 있다. 지금까지 추가 관측을 바탕으로 만든 가장 그럴법한 시나리오는 1999 RQ36도 1950 DA와 마찬가지로 여러 물리적 효과로 인해 궤도가 바뀌어 22세기 후반에 충분한 거리를 두고 지구를 빗겨 지나갈 것으로 보인다. 하지만 이들은 우리가 계속 감시해야 하는 천체이며, 나사가 그 일을 하고 있다.

2011년 5월 나사는 2020년 근지구소행성 1999 RQ36에 접근한 뒤 2023년 그 표면에서 표본을 수집해 지구로 귀환하는 오시리스-렉스OSIRIS-REx 무인 우주임무를 선정했다. 이 탐사선은 세 대의 카메라와 세 대의 분광기 등 다양한 탑재기기들을 이용해 이 어두운 탄소질 소행성에 관한 자세한 정보를 전해줄 것이다. 2020년대 중반 지구로 가져올 표본을 실험실에서 집중 분석하면 같은 종류의 근지구소행성이 원시지구에 생명이 잉태할 만한 환경을 제공했는지, 탄소기반 물질이나 유기물을 얼마나 전달했는지, 그 중요한 실마리를 얻을 수 있을 것이다.[4]

아포피스, 지구와 충돌할까?

2029년 4월 13일 금요일, 로즈볼 미식축구 경기장 크기(270미터)의 근지구소행성이 지표로부터 지구 반지름의 다섯 배 이내 거리를 두고 통과한다. 잠시겠지만 맨눈으로 볼 수 있는 이 천체로 인한 대자연의 경고사격에 지구촌 사람들의 가슴이 철렁할지도 모른다. 소행성 99942 아포피스Apophis는 이 사실을 중계하느라 바쁘게 가동될 통신위성들이 떠 있는 고도보다도 낮게 통과해 지나간다.

아포피스는 2004년 6월 19일 애리조나 주 키트피크천문대에서 나사가 지원하는 하와이대학교 소행성 탐사관측팀 소속 로이 터커와 데이비드 톨렌, 파브리지오 베르나르디가 최초로 발견한 뒤 이틀 밤에 걸쳐 관측됐다. 이틀은 궤도를 결정하는 데 충분한 시간이 아니라서 당시에는 소행성을 잃어버렸지만, 같은 해 12월 18일 나사에서 지원하는 사이딩스프링 전천탐사팀 소속 고든 개러드가 호주에서 이 천체를 다시 발견했다. 그 후 며칠 동안 전세계에서 추가 관측해 나온 데이터를 기반으로 소행성센터는 앞서 수행한 6월과 12월 관측을 연결 지을 수 있었고, 그 두 개의 관측 대상이 같은 소행성이라는 사실을 알아냈다. 그리고 제트추진연구소 근지구천체 프로그램 연구실의 센트리시스템이 2029년 아포피스의 충돌 가능성을 예측했고, 뒤이어 NEODyS 시스템도 충돌 가능성을 조사해 역시 비슷한 예측을 내놓았다.

2004년 성탄절을 전후한 며칠 동안 2029년 4월 13일 금요일로 예보된 충돌 가능성이 37분의 1까지 올라갔다. 하지만 그 이틀 뒤 제프 라슨과 앤 데스커가 스페이스워치 데이터베이스에서 당시 전혀 알려지지 않았던 그 이전 자료로부터 아포피스를 찾아낸 덕분에 결국 그 충돌확률은 제거됐다. 궤도 계산에 새로운 관측자료를 적용한 결과 궤도의 불확정성이 크게 감소됐으며, 2029년의 충돌확률은 깨끗하게 사라졌다.

2005년 1월 말 아레시보에서 레이더 관측을 수행한 결과 아포피스의 궤도가 좀더 개선됐다. 새로운 궤도를 기초로 판단하면 이 소행성은 지표 위로 지구 반지름의 여섯 배보다 가까운 지점을 통과하지만 2029년 4월 지구나 달에 충돌할 가능성은 전혀 없다. 그러나 2029년 소행성이 지구를 스쳐 지나가는 동안에 그 궤도가 변경되어 지구에서 멀어질수록 위치불확정 영

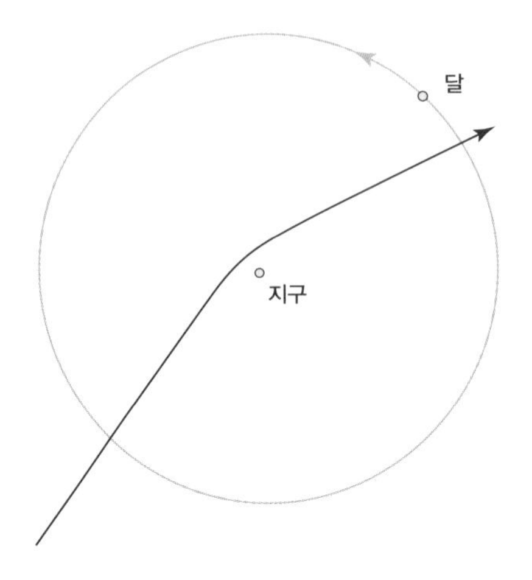

그림 9.3 99942 아포피스는 2029년 4월 13일 지구를 스쳐 지나간다. 이날 지구에 접근하는 아포피스의 가장 가능성 큰 궤적을 꺾은선으로 나타냈다. 아포피스가 지나갈 수 있는 모든 가능한 궤도는 불확정 타원체를 이룬다. 이 타원체는 지구의 포획단면적에 닿지 않기 때문에 2029년 지구와 충돌할 가능성은 없다.

역도 급격하게 늘어날 것으로 보인다. 결국 2029년 지구 접근 이후 아포피스의 운동은 훨씬 예측하기 어려워진다.

처음에 예상됐던 미래의 충돌 가능성은 2034년과 2035년, 2036년에도 아주 조금 남아 있었지만, 추가 관측을 바탕으로 궤도를 개선한 결과 2034년과 2035년의 지구충돌 가능성은 배제됐다. 2029년, 2034년, 2035년의 충돌 가능성은 사라졌다. 그러나 2029년 아포피스가 지구 근처를 통과하면 태양을 여섯 차례 더 공전한 뒤 궤도가 바뀌어 2036년 4월 13일 부활절인 일요일에는 지구와 충돌할 확률이 아주 없다고는 할 수 없다. 2036년 충돌이 일어난다면 하나의 조건을 충족시켰을 때다. 아포피스가 2029년 지구를 통과하는 동안 지구의 중력효과로 그 궤도가 정확하게 7년 후 충돌이 일어날 수 있는 방향으로 바뀔 수 있는 610미터 크기의 영역을 지나갈 경우다. 폴 초더스가 '열쇠구멍keyhole'이라고 이름 붙인 지구 주변의 이 작은 영역은 2036년 일어날 가능성이 없어 보이는 충돌사건을 진짜 일어나도록 할 수 있다. 2029년 이전에 아포피스 궤도의 변경을 시도한다면 2036년 일어날 수도 있는 충돌을 피하기 위해 지구 반지름(6,378킬로미터) 만큼 이 소행성을 이동시키지 않아도 된다. 그저 2029년 아포피스가 지구 근처를 통과할 때 지구 반지름의 10만 분의 1도 안 되는 610미터 크기의 '열쇠구멍' 밖으로 밀어내기만 하면 된다.

그럼에도 센트리시스템과 NEODyS 시스템이 검출한 거의 모든 잠재적 충돌에 대해 그렇게 했던 것처럼 후속 관측을 바탕으로 아포피스의 궤도를 개선하면서 불확정 영역을 줄여나간다면 우리는 2036년 충돌 가능성을 배제할 수 있을 것이다.

우주의 기습공격, 예상치 못한 충돌

소행성 2011 CQ1은 2011년 2월 4일 카탈리나 전천탐사팀이 발견했고, 그로부터 14시간이 지난 세계시UT로 2월 4일 오후 7시 39분 최접근 기록에 가까운 거리를 통과했다. 이 소행성은 중앙 태평양 상공을 지구 반지름의 0.85배(5,480킬로미터) 안쪽으로 통과했다. 지름 1미터밖에 안 되는 이 소행성은 지금까지 발견된 것 가운데 지표에 가장 가까이 통과한, 충돌하지 않은 천체다. 2011 CQ1은 지구 접근 이전에 지구 궤도 바깥 지역을 공전하는 아폴로 그룹 소행성 궤도에 있었다. 그러나 지구를 스쳐지나가면서 지구 중력이 그 궤도를 아텐 그룹 소행성 궤도로 바꿔 놓아 이제 2011

CQ1은 거의 대부분을 지구 궤도 안쪽에서 보낸다.

2011 CQ1은 지구를 스쳐지나가면서 궤적이 68도만큼 꺾어졌다. 크기가 아주 작기 때문에 이러한 천체를 발견하는 것은 굉장히 어렵지만, 근지구 공간에는 이와 비슷하거나 이보다 큰 천체가 족히 10억 개는 있으며 평균 몇 주에 한 번씩은 대기권에 충돌하리라 예상된다. 이처럼 작은 천체는 대기에 부딪치면서 멋진 화구사건을 만들어내며, 이 중 작은 조각 몇 개라도 실제로 땅에 떨어지는 일은 드물다.

지름이 30미터보다 작은 근지구천체의 대부분은 지표에 심각한 피해를 주지 않는 것으로 보인다. 그러나 지구 주변에는 30미터보다 큰 근지구 천체가 100만 개가 넘고, 우리가 발견한 것은 그 1퍼센트도 안 된다. 지금까지 나사는 지역적인 혹은 전지구적인 재난을 불러일으킬 수 있는, 그보다 큰 천체들을 찾는 데 초점을 맞춰왔다. 그래야 하는 것이 맞긴 하지만,

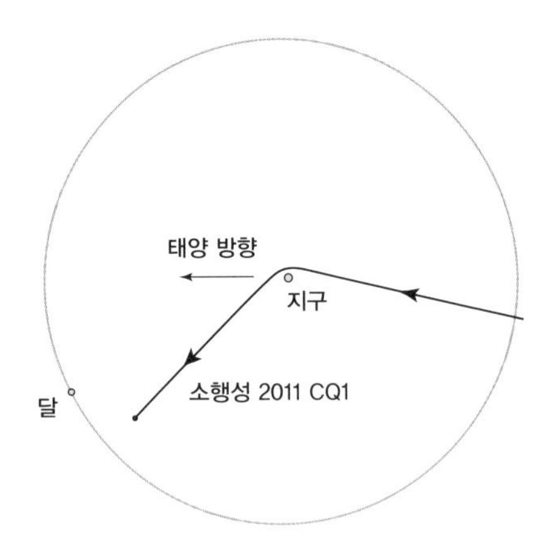

그림 9.4 크기가 1미터인 근지구소행성 2011 CQ1은 2011년 2월 4일 지표로부터 지구 반지름의 0.85배 안쪽을 통과했다. 이 소행성은 이날 지구를 스쳐지나가면서 지구 중력으로 궤도가 68도까지 휘어졌다.

지표에 피해를 줄 수 있는 근지구소행성 대다수가 아직 발견되지 않은 상태로 남아 있는 것도 사실이다. 앞서 살펴본 것처럼 2008 TC3 같이 크기가 수미터에 불과한 훨씬 많은 근지구천체들의 충돌을 예측하는 일도 중요하다. 연구에 쓸 수 있는 운석들을 구할, 그야말로 노다지를 캐는 일이기 때문이다.

많은 근지구천체를 발견하기 위해서는 매일 밤 하늘 전체를 여러 번 스캔하는 방법을 쓸 수 있다. 광시야 망원경을 채택하면 우리는 수미터에 불과한 작은 천체들을 발견할 수 있으며, 이는 비용 대비 효과가 뛰어난 방법 가운데 하나다. 같은 장소에 이러한 망원경을 여러 대 배치해 감시하는 방식은 근지구천체 탐사관측에 쓰이게 될 차세대 관측방법 가운데 하나다.

우리가 지구를 위협하는 근지구천체의 궤도를 변경하려 한다면 그 어떤 방법을 선택하더라도 준비하는 데 여러 해가 필요하므로 충돌 이전에 반드시 그 천체를 찾아야 한다. 이 천체들을 계속 발견하고, 추적하고, 이러한 활동을 확대하는 것은 우리가 발견하고 이름 붙인 천체들에 의한 위험을 줄여나가는 데 상당히 중요하다. 그들이 우리를 찾기 훨씬 전에 우리가 먼저 그들을 찾아내야 한다! 근지구천체로부터 지구를 방어하는 데 중요한 세 가지는 첫째도 그들을 일찍 찾는 것이요, 둘째도 일찍 찾는 것이요, 셋째도 일찍 찾는 것이다!

10장

-

다가오는 근지구천체 방향 바꾸기

소행성과 혜성에 의한 위협은, 만일 그런 곳이 정말 존재한다면,
우리은하 내 생명이 사는 모든 행성에 해당될 것임에 틀림없다.
모든 지적생명은 그들의 세계를 정치적으로 통일한 뒤 그 행성을 떠나
작은 이웃 세계들을 유랑해야만 하리라. 어쩌면 그들의 궁극적 선택은
우리처럼 우주여행이나 멸종 가운데 하나가 될지도 모른다.

- 칼 세이건, 《창백한 푸른 점The Pale Blue Dot》

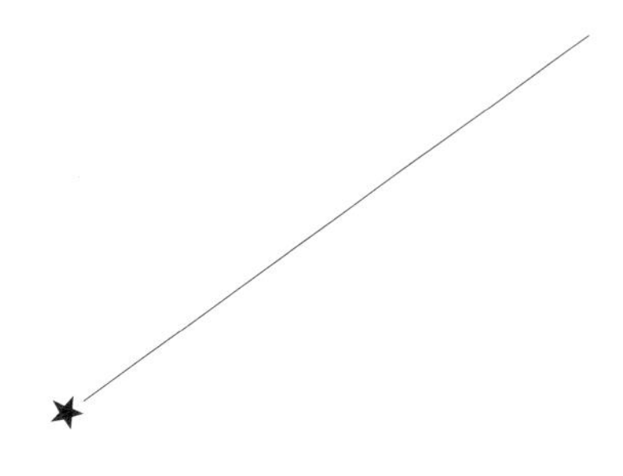

제법 큰 근지구소행성 하나가 지구위협 궤도에서 발견되는 정말 끔찍한 상황이 벌어졌다고 가정해보자. 예보된 충돌시점까지 시간이 충분히 남았다면 고려할 만한 궤도변경 방법은 충분히 많다.

괴짜 과학자들은 소행성의 궤도를 바꾸는 데 쓸 만한 여러 가지 방법들을 생각해내리라. 여기에는 소행성 표면에 로켓엔진을 설치해 소행성을 지구와의 충돌경로 밖으로 밀어내는 방법과 표면에 질량구동장치mass driver를 설치해 표면의 암석물질을 정전기적인 방법으로 분출시켜 그 반대방향으로 추력*을 주는 기술도 포함된다. 하지만 중력이 0에 가까운 울퉁불퉁한 소행성 표면에 이런 시설을 가설하는 건 쉬운 일이 아니다. 게다가 자전하는 소행성의 그 시설물이 있는 쪽이 특정 방향을 향하는 순간 추력을 가해야 하는 기술적 난관도 예상된다. 태양광 거울이나 (소행성 근처에) 레이저장치를 설치하면 소행성의 표면물질을 태우거나 그 물질들을 한쪽 방향으로 날려보내 그 반대방향으로 추력을 줄 수는 있다. 그러나 이 방법도

* 반동에 의해 생기는 추진력을 말한다.

기술적 어려움이 예상되며, 떨어져나간 물질들이 레이저장치의 거울이나 광학계를 덮어 효율이 뚝 떨어질 수 있다.

그런가 하면 패션디자이너들이 좋아할 만한 계획도 있다. 페인트로 소행성을 칠하면 재방출되는 태양열이 그 천체를 밀어내는 야르콥스키 힘을 바꿀 수 있고, 천천히 그 소행성이 충돌하지 않는 궤도에 진입하도록 하면 된다. 페인트 색은 유행에 맞춰 진회색이나 미색이면 좋을 것 같다.

이러한 기술은 모두 기발하고 재미있지만, 우리는 단순하면서도 실현 가능한 방법에 집중할 필요가 있다. 그 가운데는 소행성을 위험한 궤도에서 서서히 끌어당기거나 밀어내는, 정밀하지만 '느린' 방법과 우주선을 충돌시키거나 핵폭발을 이용하는, 정밀도는 떨어지지만 더 '강력한' 방법이 있다. '강력한 방법'을 쓰면 소행성을 순간적으로 밀어내 궤도를 바꾸거나 소행성을 완전히 붕괴시켜 모든 파편이 지구를 피해 날아가게 할 수 있고, 그렇지 않더라도 최소한 지구와 충돌하는 파편 하나하나의 크기와 질량을 대폭 줄일 수는 있다.

충돌시키기

지구위협 소행성의 진로를 바꾸기 위해 이미 개발된 가장 간단한 방법 중 하나는 거대한 우주선을 소행성으로 돌진시키는 것이다. 소행성과 지구가 미래 어느 시각에 공간상 한 지점에서 만난다고 예측되면, 소행성의 속도를 천천히 변경시켜 도착시간을 바꾸면 된다. 작은 천체에 우주선을 충돌시키는 기술은 이미 2005년 7월 4일 성공적으로 입증됐다. 딥 임팩트 호는 혜성 템펠1과 충돌하도록 프로그램 된 충돌선을 날려보낸 뒤 유유히 항행하면서 충돌선이 혜성에 부딪치는 장면을 생중계했다. 템펠1은 핵이 6킬로미터 크기라 충돌 직후 궤도가 얼마나 변했는지 확인하기에는 너무 거대했지만, 지구에서 수천만 킬로미터 떨어진 천체를 '때리는 데' 필요한 항법기술은 멋지게 입증됐다. 충돌 순간 템펠1과 우주선의 상대 속도는

그림 10.1 혜성 템펠1에서 일어난 '딥 임팩트Deep Impact'. 모선 딥 임팩트가 내려보낸 충돌선은 2005년 7월 4일 템펠1의 핵에 성공리에 명중했다. 70킬로그램 무게의 충돌선이 초속 10.3킬로미터로 그 표면에 충돌하자 수천 톤에 달하는 얼음 알갱이와 먼지입자들이 방출되어 햇빛에 반사되는 장면을 혜성 상공에 떠 있던 모선이 촬영했다. 딥 임팩트 모선은 충돌 24시간 전 충돌선을 내려보낸 뒤 500킬로미터라는 가까운 거리에서 혜성 핵 주위를 안전하게 접근 비행할 수 있도록 경로를 수정했다. 딥 임팩트는 지구 최접근 통과를 세 차례 수행하면서 지구 중력의 도움을 받아 항행을 계속했다. 뒤에 에폭시EPOXI로 이름이 바뀐 이 우주선은 2010년 11월 4일 단주기혜성인 하틀리 2 주변을 700킬로미터 이내 거리로 비행했다(나사 및 메릴랜드대학교 제공).

초속 10킬로미터로, 소총에서 발사된 총알보다 약 10배 빨랐다. 이 속도라면 로스앤젤레스에서 뉴욕까지 단 7분 만에 주파할 수 있다.

충돌선으로 힘을 가해 천체를 밀어내는 방법은 지름 수백 미터급 근지구 소행성에 효과적일 수 있다. 크기가 200미터인 암석질 소행성이 초속 10킬로미터로 질주하는 5톤급 우주선과 충돌하면 소행성의 운동속도는 초당 1센티미터 이상 바뀔 수 있다. 이는 10년 뒤 그 소행성의 궤도상 위치가 지구 반지름의 두 배 넘게 변한다는 것을 뜻한다. 따라서 10년이 지난 뒤 지구와 충돌할 것으로 예상되는 소행성에 굉장히 큰 우주선으로 제대로 한 방을 날린다면 충돌을 여유 있게 막을 수 있다. 그런데 10년 뒤 지구를 기준으로 소행성이 통과할 가능성이 가장 높은 지점(또는 공칭위치)뿐 아니라 예측된 충돌시점에 통과할 수 있는 모든 영역을 이동시키는 것이 현명할 것이다. 이 방법을 쓰려면 소행성의 궤도를 잘 알고 있어야 한다. 우리가 두 다리 뻗고 자려면 10년 후 지구 기준으로 소행성의 공칭위치뿐 아니라 그 위치불확정 영역 전체를 옮겨놔야 한다.

시간이 허락한다면 거대한 우주선을 지구위협천체에 충돌시켜 효과적으로 그 궤도를 바꿀 수 있지만, 소행성의 물리적 특성을 잘 모르는 데다 구성성분, 특히 공극률에 따라 우주선이 미는 힘이 달라지기 때문에 이 방법은 정밀도가 떨어진다. 우주선이 구멍이 거의 없고 단단한 암석질 천체에 맹렬하게 돌진하면 충돌구에서 튀어나온 분출물질이 그 반대방향으로 날아가 천체에 운동량으로 작용한다. 반면 공극률이 큰 다공성 천체는 충격을 잘 흡수할 뿐 아니라 분출물질이 거의 없어 천체에 전달되는 운동량이 작다. 상상해보라! 콘크리트 벽에 어마어마한 속도로 돌을 던지면 공극률이 큰 눈더미에 던질 때보다 피해가 훨씬 심각할 수밖에 없다. 둘 중 하나가 딱히 안전하다는 것은 아니지만, 무슨 말인지 독자들은 이해할 것이다. 따라서 그 구성성분이나 공극률에 대해 우리가 잘 모른다면 천체를 얼마만큼 밀어낼 수 있는지 미리 예측하는 것은 어려운 일이다.

만약 첫 시도에서 별 효과가 없다면 다시 때리면 된다. 그러나 시간이 충분할 경우에만 가능한 이야기다. 소행성이 필요한 만큼 움직였는지 알아보려면 우주선을 기준으로 충돌 이전과 이후 소행성의 위치를 확인해야 한다. 즉 그 공전궤도를 돌면서, 아니면 소행성 근처에 다른 우주선을 대기시켜 우주선 사이에 주고받는 신호를 이용해 그 위치와 궤도를 정밀하게 알아낸다. 근지구천체에 관한 문제에 발 벗고 나선 아폴로 9호 우주비행사 러스티 슈바이카르트는 그 실질적인 해결책을 제시했다. 즉 위협이 되는 소행성 가까이에 우주선을 상주시키면 충돌선이 실제로 필요한 만큼 그 소행성을 움직였는지 확인할 수 있다. 게다가 충돌선이 제대로 임무를 수행하지 못했거나 실수했을 때(충돌체가 가한 충격이 우연히 소행성을 '열쇠구멍'으로 밀어내 미래에 지구와 충돌하게 되는 경우) 반드시 해야 하는 미세조종비행 trim maneuver을 시도할 수 있다. 이처럼 미세조종비행이 가능한 기술 가운데 중력견인gravity tractor이 있다.

서서히 끌어당기기

지구위협 소행성의 진로를 바꾸는 새로운 접근방법이 있다. 소행성과 가까운 우주선 사이에 작용하는 중력으로 궤도를 천천히 변경하는 기술이다. 2005년 우주비행사 에드 루와 스탠 러브가 제시한 이 개념은 추진력이 소행성에 영향을 주지 않도록 추진기를 비스듬히 장착한, 문제의 작은 소행성과 굉장히 가까운 거리에 있는 우주선을 떠올리면 된다. 우주선은 그 자신과 소행성 사이에 작용하는 중력을 가상의 밧줄처럼 이용해 목표물의 운동속도를 제어한다.

이 방법은 소행성의 공극률과 구성성분, 자전에 영향 받지 않는다는 장점이 있다. 시간만 충분하다면 중력견인 방식으로 소행성의 진로를 변경해 예측된 지구 충돌을 막을 수 있다. 그러나 위협이 되는 소행성이 보통 크기라고 해도 우주선보다 훨씬 무겁기 때문에 소행성에 미치는 가속도는 미미할 수밖에 없다. 여러 주에 걸쳐 우주선이 소행성을 끌면 소행성에 속도가 붙기 시작하는데, 그 속도로 궤도를 수 킬로미터 넘게 바꾸는 데에는 몇 년이 걸린다.

중력견인은 우주선을 충돌시키는 것처럼 목표물에 강한 충격을 가해 밀어낸 뒤 미세조종비행을 할 때 제일 효과적이다. 또 소행성이 지구에 접근할 때 작은 '열쇠구멍'으로부터 소행성을 밀어내 '열쇠구멍' 통로를 따라 일어날 수 있는 충돌을 막는 데 쓸 수 있다. 지구위협 소행성 주위에 떠 있는 중력견인 우주선은 소행성의 위치와 궤도를 정밀 추적하고, 다른 우주선을 소행성에 격렬하게 충돌시킬 경우 그 이전과 이후 소행성의 위치와 궤도를 정밀 추적하고 결정한다.

중력견인 개념은 궤도변경 방법으로 딱히 유용하지 않을 수도 있다. 하지만 충돌선으로 소행성에 충격을 가한 뒤 미세조종비행을 적용해도 되고, 중력견인 우주선을 이용해 충돌선의 임무가 성공적이었는지 확인할 수도 있다.[1]

핵폭탄 터뜨리기

우주 공간으로 핵을 운반하는 것은 국제사회와의 긴밀한 협력이 필요한, 퍽 고민스러운 일이 아닐 수 없다. 그럼에도 핵 기술은 충분히 성숙됐으며, 더욱이 우주선 질량에 상응하는 최대 폭발력을 얻을 수 있다.

캘리포니아 주 리버모어에 있는 로렌스 리버모어 국립연구소의 데이브 디어본이 생각하는 핵폭발 방법은 두 가지다. 첫 번째는 소행성 표면 바로 위에서 폭파시키는 것이다. 이렇게 하면 표면이 강하게 가열돼 표면물질이 한 방향으로 떨어져나가고 그 반대방향으로 추력이 생긴다. 가장 효과적인 방식은 핵융합반응(수소폭탄)이다. 수소폭탄이 터지면 엄청난 양의 중성자가 만들어지고 이 중성자들이 소행성 표면을 뚫고 들어가 표면이 뜨겁게 가열되며, 물질이 증발하면서 그 반동으로 소행성의 궤도가 변경된다. 원격폭파 방식은 핵폭발로 점화되지만 소행성을 비교적 부드럽게 밀어낸다. 이때 미는 힘은 표면에 있는 암석덩어리들이 그곳을 벗어나는 데 필요한 탈출속도보다 작다. 따라서 일부 암석이 떨어져나가는 것을 제외하면 소행성이 크게 부서지는 일은 없을 것이다.[2]

핵을 이용한 두 번째 방법은 소행성 표면에 핵폭탄을 매설한 뒤 폭파시켜 완전히 산산조각 내는 것이다. 소행성이 지구에 다가오기 전에 파괴해 파편들이 우주로 날아가 흩어지게 하는 방법이다. 디어본은 소행성을 완전히 깨뜨리는 데 얼마나 많은 폭탄이 필요한지 확인하기 위해 컴퓨터 모의실험을 했다. 실험결과 아포피스 같은 270미터급 소행성에 지하 수미터 깊이로 300킬로톤의 폭발물을 매설해 터뜨리면 파편 대부분은 탈출속도를 훨씬 넘는 초속 20~40미터로 떨어져나간다. 예측된 충돌시점보다 몇 주 전에 폭발이 완료되면 소행성 질량의 고작 몇 퍼센트의 파편들만 궤도를 따라 흩어져 지구와 가벼운 충돌을 일으킨다. 이 방법은 충돌 예측이 늦어져 대비할 시간이 없거나 소행성이 너무 커서 우주선을 한 번이나 그 이상 충돌시켜봤자 궤도를 효과적으로 바꿀 수 없을 때 고려할 수 있다.

핵을 이용한 원격폭파 방식은 짧은 시간에 빨리 끝낼 수 있는 반면, 표면에 폭탄을 매설하는 두 번째 방법은 우주선이 소행성의 속도에 맞춰 접근한 뒤 표면에 핵을 묻는 추가시간이 필요하다. 이때 소행성의 지표 밑에 폭파장치를 신속하게 매설해야 하는데 현존하는 굴착장비로는 초속 1킬로미터가 넘는 충돌속도를 견뎌낼 수 없다. 따라서 당장은 적용하기 어려운 불가능한 방법이다. 따라서 원격폭파 방식이 매설방법에 비해 시간을 절약하고, 즉시 선택할 수 있는 기술이다.

우리는 소행성의 구조와 구성성분이 어떤지 잘 모르기 때문에 충격을 가해 밀어낼 때와 핵폭발 방식을 쓸 때 전달되는 운동량은 정밀하게 알 수 없다. 충격량과 소행성에 전해지는 운동량 사이의 관계를 이해하기 위해서는 연구가 더 필요하다. 다시 말해 소행성에 일정한 에너지가 전달됐을 때 구성성분과 구조에 따라 반응이 어떻게 달라지는지 조사해야 한다. 현재 워싱턴대학교의 키스 홀스애플과 앨버커키 소재 샌디아국립연구소의 마크 보슬로, 캘리포니아대학교 산타크루즈 분교의 에릭 아스포그 같은 과학자들이 컴퓨터 모의실험을 통해 이런 문제들을 연구하고 있다. 또 팽창하는 가스로 총알을 고속발사하는 충돌실험도 진행 중에 있다. 과학자들은 이를 기초로 총알이 갖는 에너지에 따라 충돌표적이 되는 다양한 물질들이 어떻게 반응하는지 조사한다. 이러한 실험은 과학자들이 컴퓨터 모의실험으로 얻은 결과를 비교검증하는 데 반드시 필요하다. 브라운대학교의 피트 슐츠와 보잉 사의 케빈 허즌 같은 과학자들이 이러한 연구를 진행하고 있다.

우주에서 핵무기 사용을 원칙적으로 금지하는 조약이 있다. 1963년 체결된 '부분적 핵실험 금지조약'과 1996년 체결된 '포괄적 핵실험 금지조약'이 그것이다. 하지만 이들 조약은 동시에 인간의 우주활동은 모든 국가와 인류의 공익을 위한 것이어야 한다고 명시하고 있다. 이러한 원칙은 누가 보더라도 공익적 목적이 분명한, 즉 지구위협천체로 인한 위험을 줄이기 위해서는 이를 제한하지 말아야 한다는 논의의 법적 기반이 된다. 아울러 법이 '명백한 불합리나 비이성'으로 이어진다면 그 법은 폐기해도 된다는 기본원칙이 있다. 만일 핵을 이용한 궤도 변경이 대규모 소행성 충돌로부터 지구를 구할 수 있는 유일한 방법이라면 이를 막는 조약은 불합리하다고 규정할 수 있을 것이다. 그럼에도 핵을 이용한 방법은 다른 모든 방법이 적합하지 않거나 때를 놓쳤다고 판단될 때에 한해서만 고려해야 한다.

1967년, MIT 학생들이 세상을 구하다

1967년 MIT에서 봄 학기가 시작되기 직전, 학내 게시판에 강좌번호 16.74 '고급 우주시스템공학' 강좌 공고가 떴다. 이처럼 도전의식에 불을 댕기는 것이 또 있을까? 하지만 그게 전부가 아니었다. 이 공고에는 1968년 6월 14일 근지구소행성 이카루스Icarus가 지구에 접근한다고 언급하면서 소행성이 실제로 지구와 충돌하는 경우를 상정했다.[3] 학생들에겐 1초에 히로시마 핵폭탄 한 개와 맞먹는 TNT 50만 메가톤의 에너지를 445일 동안 방출하게 될 문제의 충돌을 멈출 계획을 세우라는 임무가 떨어졌다! 충돌을 막지 못한다면 1억 톤의 흙과 바위가 성층권으로 솟아올라 지표가 받는 햇빛이 줄고 빙하기가 시작될 수 있다는 설명도 덧붙였다. 이 공고는 물론 MIT 괴짜들의 관심을 끌어모았다!

학생들에게는 프로젝트 개시부터 지구 충돌까지 70주라는 시간밖에 남지 않았으며, 반지름 640미터로 가정한 이카루스에 랑데부용 우주선을 보낼 시간은 없다고 못 박았다. 학생들은 곧 팀을 나눠 임무계획과 궤도변경 방법에 대해 연구했다. 학생들은 이카루스가 엄청나게 무거운 데다 충돌이 임박해 100메가톤급 핵을 실은 우주선 여섯 대를 쓰는 것이 유일한 방법이라고 판단했다. 핵폭탄은 충돌 72.9일 전에 시작해 충돌 4.9일 전에 마지막으로 소행성 표면 바로 위에서 폭파시키는 방식으로, 각기 다른 시각에 맞춰 임무가 진행됐다. 학생들은 폭발로 소행성이 산산조각 나거나 충돌경로에서 벗어날 거라고 가정했다. 새턴 5형 로켓에 핵을 탑재하고, 감시위성은 충돌선에서 1,670킬로미터 떨어진 지점에서 마지막 폭발을 제외한 모든 사건을 모니터한다.

개인적으로 학생들이 모두 A학점 받았기를 바란다. 왜냐하면 최근 와서 다시 연구되기 시작한 주제임에도 불구하고, 그때 학생들이 내린 결론은 40년이 넘은 현재에도 대부분 유효하기 때문이다.

위험통로와 궤도변경의 딜레마

소행성에 의한 잠재위협이 확인된다 하더라도 과학자들은 충돌위치에 대해 확신을 가지고 예측하기 어렵다. 소행성의 공간상 위치를 완벽하게 알 수 없기 때문이다. 소행성이 존재할 확률이 가장 높은 위치는 그 소행성이 존재할 가능성이 있는 영역의 중심에 있다. 이 영역을 불확정 타원체라고 부르며, 농구공이나 미식축구공보다는 긴 선분에 가까운 아주 길고 좁은 타원체인 경우가 많다. 이 불확정 타원체가 태양을 공전하면서 지구와 접촉할 경우 일부 지역에서는 소행성이 지구와 부딪칠 수 있으며, 이때 충돌 가능성은 0이 아니다.

이처럼 긴 불확정 타원체(또는 선)가 지구와 만날 때 소행성과 충돌할 가능성이 있는 위험통로risk corridor가 만들어진다. 불확정 타원체는 지구보다 훨씬 큰 경우가 많지만, 충돌은 실제로 지구와 교차하는 곳에서만 일어난다. 불확정 타원체는 길기 때문에 지구와 만나는 위험통로는 대체로 좁고 긴 선분형태다. 소행성이 지구와 충돌할 운명이라면 이 위험통로를 따라서만 충돌이 일어난다.

지구위협 소행성 하나가 중앙 태평양에 떨어지는 상황이 예측됐다고 가정해보자. 이 소행성이 예상보다 조금 일찍 온다면 궤도상 지구에서 멀지 않으므로 예상 충돌지점(즉 공칭 충돌지점)은 지구 자전방향으로 (동쪽으로) 더 이동하게 된다. 반대로 조금 늦게 온다면 예상 충돌지점은 지구 자전방향에서 더 뒤쪽으로 (서쪽으로) 이동한다. 따라서 소행성이 충돌경로에서 벗어나도록 궤도를 바꾸는 일은 예상 충돌지점을 지구 자전방향으로 동쪽이나 서쪽으로 서서히 끌어당기는 것과 같다. 이때 예상 충돌지점과 가능한 충돌영역 전체를 위험통로에서 끌어내 지구 밖으로 완전히 벗어나도록 해야만 성공이다. 그렇게 하면 충돌확률은 0으로 떨어져 지구 곳곳에서 안도의 한숨 소리가 들릴 것이다.

잠깐만! 궤도 변경을 시도하다가 기술적인 문제로 충돌 예측지점을 완전히 지구 밖으로 끌어내기 전에 작업이 중단된다면? 이제 확률이 가장 높았던 충돌지점이 지구상의 한 지역에서 또 다른 지역으로, 예컨대 미국에서 중국으로 비껴갔다. 이를 궤도변경 딜레마라고 한다. 이처럼 충돌은 궤도 변경에 쓰이는 기술적인 문제와 함께 심각한 정치사회적 이슈들과 관련되어 있다.

제법 규모가 큰 소행성의 충돌이 예측된다면 우리는 확률이 얼마나 높을 때 행동을 취해야 할까?[4] 이 한계(문턱값)를 결정하는 것은 누구이고, 적절한 궤도변경 방법은 무엇이며, 궤도 변경의 주체는 누구인가? 만일 임무가 실패한다면 그에 따르는 비용은 누가 지불하는가? 어떤 위협이 됐든 실제로 상황이 발생하기 훨씬 이전에 국제적인 합의가 있어야 하며, 궤도 변경 기준에 대한 이슈가 반드시 선결돼야 한다. 소행성에 의한 위협은 국제적인 문제가 될 수밖에 없으며, 결국 국제사회에서 해법을 찾아야 한다.

UN 평화적 우주이용위원회COPUOS 산하 과학기술소위원회에서는 이러한 정치사회적 이슈에 관한 논의를 진행하고 있다. 완성되기까지는 갈 길이 멀겠지만, 심각한 위협이 확인되기 전에 국제사회로부터 승인받은 실행계획을 준비하는 것을 목표로 하고 있다. 예상컨대 우주발사체 기술을 가진 일부 국가들이 협력을 통해 이러한 임무를 수행할 권한을 갖게 될 것으로 보인다.

가장 현실적인 시나리오

근지구천체는 큰 것보다 작은 것이 훨씬 많다. 석질 소행성이 지표에 직

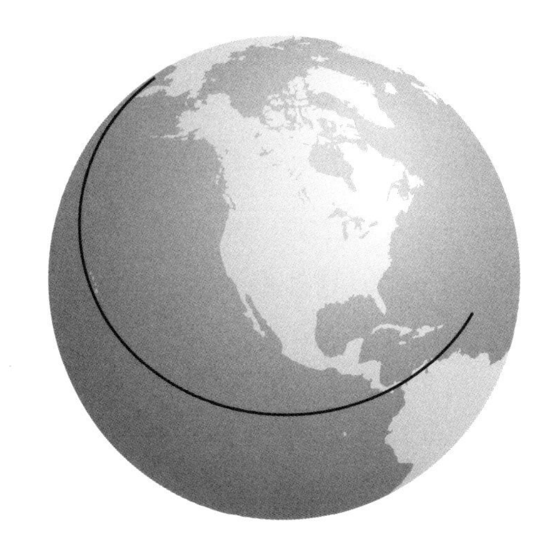

그림 10.2 근지구소행성에 대한 위험통로의 예를 보여주는 그림. 지구와 충돌할 가능성이 희박한 소행성일 경우 그 궤도상의 긴 불확정 타원체를 지표에 투영시키면 전체적으로 지구를 거의 둘러싸는 좁은 위험통로가 만들어진다. 소행성이 실제로 지구와 부딪친다면 이 통로 어딘가에서 충돌이 일어난다.

접 피해를 입히려면 지름이 30미터이거나 그보다 커야 한다. 따라서 재난으로 이어질 가능성이 가장 높은 충돌사건은 지름 30미터급 소행성이 떨어질 때다. 작은 놈들이 더 자주 충돌하기 때문이다. 지구 주변에는 30미터급 근지구소행성이 100만 개가 넘고, 평균 수백 년에 한 번 지구에 충돌하는 것으로 생각된다. 그러나 궤도 정밀도가 떨어지기 때문에 충돌 예보는 이보다 자주 발령될 수 있다.

이렇게 작은 천체는 검출하기 아주 어렵기 때문에 지금껏 전체 종족의 1퍼센트 이하만 발견됐다. 매일 밤 전체 하늘을 여러 번 스캔하는 대구경 광시야 탐사망원경을 채택하면 늦어도 충돌 몇 주 전에 이를 발견할 가능성을 높일 수 있다. 그러나 이처럼 피해를 끼칠 만한 충돌은 경고 없이 미처 준비할 시간 없이 찾아온다는 게 가장 현실성 있는 시나리오다. 따라서 민간 차원의 방위는 충돌위협을 줄이고 위험통로에서 벗어나는 데 제일 핵심 되는 요소지만, 어쩌면 그냥 대피하는 게 해법이 될지도 모른다. 이처럼 작고 충돌빈도가 높은 충돌체는 피해가 국지적인데 비해 빈도는 낮지만 규모가 큰 천체는 전지구적인 문제를 일으킬 수 있다. 대규모 충돌은 극히 가능성이 낮지만, 오랜 시간에 대해 평균하면 인명피해가 광범위해지기 때문에 위협이 가장 큰 것은 바로 대형 천체들이다.

충돌이 임박할 때 누구에게 전화하지?

근지구소행성을 발견하고 추적하는 기술은 잘 발달되어 있으며, 시간이 충분하다면 궤도 변경에 쓰일 알맞은 계획도 있다. 나사에는 이러한 충돌위협이 확인될 경우 누구에게 통보해야 하는가에 관한 지침도 마련되어 있다. 그러나 국제적으로 아래와 같은 까다로운 질문에 답해야 한다는 점에서 이러한 계획은 아직 개발단계에 있다고 해야 옳다. 즉 전 인류를 대표해 그 계획을 실행에 옮길 권한을 누구에게 부여할 것인가? 그러한 활동을 어떻게 조정하며, 어떻게 재원을 마련하고 실행할 것인가? 여러 국가와 관련되는 광범위한 지역에 걸친 민간 대피계획에는 어떤 것들을 포함시켜야 하는가?

마지막으로

나는 이 책에서 과학연구와 생명의 기원과 진화, 미래 자원, 그리고 끔찍한 자연재난으로부터 지구를 방어하는 측면에서 근지구소행성과 근지구혜성의 중요성을 강조하려고 노력했다. 이들은 태양계 형성과정에서 남은 잔해들이며, 그 중 변화를 가장 덜 겪은 구성원들이다. 따라서 근지구소행성과 근지구혜성은 46억 년 전 태양계가 형성될 당시의 화학적·열적 환경에 대해 중요한 단서를 제공한다.

탄생 직후 비처럼 퍼부은 이 천체들은 짐작컨대 지표에 탄소기반 물질과 물을 전달했을 테고, 그 결과 생명의 기본요소들을 전했을 것이다. 생명이 발생한 뒤에는 가끔 거대한 소행성과 혜성들이 충돌해 멸종을 일으켰다. 그 결과 진화가 중단됐고, 가장 적응력 강한 종들만 살아남아 진화했으리라. 알고 보면 우리 인류는 이러한 천체들 덕분에 존재할 수 있었으며, 먹이사슬 최상위에 해당하는 현재의 위치를 차지하게 됐을지도 모른다.

광물과 금속, 수자원이 풍부한 근지구천체는 언젠가 행성 간 서식지를 건설하는 데 필요한 원자재를 제공할지도 모른다. 물은 생명을 유지하는 데는 물론이고 수소와 산소로 분리해 로켓연료로 이용할 수 있는데, 근지구천체는 미래 언젠가 행성탐사를 위한 연료와 물 공급지 역할을 하게 될지도 모른다.

역설적이게도 가장 가기 쉽고 채굴하기 쉬운 대상은 충돌을 일으켜 우리의 문명을 붕괴시킬 가능성이 가장 높은 천체들이기도 하다. 우리는 그들을 미리 찾아내고 추적해 우리 이름이 붙지 않은 것이 하나도 없도록 해야 한다. 그들이 우리 미래에 중요하기도 하지만, 그들이 우리를 찾기 전에 우리가 먼저 찾지 못한다면 우리에게 미래는 영영 찾아오지 않을 수도 있다. 근지구천체는 태양계에서 가장 작은 종족이지만, 그렇다고 그 중요성을 무시할 수는 없다. 인류의 발전과 미래를 생각한다면 그들은 태양 다음으로 중요하다.

주석

| 머리말 |

1. 《메드윈의 "바이런 경과의 대화"Medwin's "Conversations of Lord Byron"》(프린스턴대학교 출판부, 1966년) E. J. 로벨 주니어 판 188쪽에 실린 바이런 경의 말이다.

| 1장 |

1. 8장에서 1908년에 일어난 퉁구스카 사건에 대해 더 자세하게 다룬다.
2. 6,500만 년 전에 일어난 멸종사건에 대해서는 4장에서 더 자세하게 다룬다.
3. 지구는 북반구가 겨울일 때 태양과 가장 가깝고 북반구가 여름일 때 태양에서 가장 멀다. 이는 계절이 태양과의 거리보다는 지구의 자전축 방향과 더 관련 있다는 것을 뒷받침한다. 북반구가 여름일 때는 겨울보다 지구 자전축이 태양 쪽으로 더 기울어져 태양이 머리 꼭대기에 더 가깝고, 햇빛도 겨울보다 더 많이 비춘다.
4. 두 혜성을 공동으로 발견한 호레이스 터틀(1837~1923)* 은 성공한 천문학자이자 미국 남북전쟁의 영웅으로 가지각색의 직업을 거쳤다. 그는 미 해군에 의해 횡령죄로 유죄판결을 받고 '윤리에 어긋나는 부끄러운 행위' 때문에 해임되기도 했다. 도널드 여맨스의 《혜성: 관측, 과학, 신화, 민속의 연대기Comets: A Chronological History of Observation, Science, Myth and Folklore》(뉴욕 와일리 출판사, 1991년) 238~239쪽 참고(국내 미출간).
5. 소행성의 이름은 국제천문연맹 산하 소천체명명위원회Committee on Small Body Nomenclature, CSBN에서 승인한다. 승인된 이름은 공식적이고 영구적이다. 그럼에도 불구하고 많은 업체들이 돈을 목적으로 어떻게든 별에 당신 이름을 연결지어 비싼 증명서를 팔려 들겠지만, 그러한 이름은 공식적

---

* 스위프트-터틀 혜성과 템펠-터틀 혜성을 발견했다.

이지 않으며 어떤 국제단체도 인정해주지 않는다. 시리우스Sirius나 베텔게우스Betelgeuse, 리겔Rigel 처럼 공식 이름이 있는 밝고 역사성 있는 몇몇 별들을 제외하면, 별들은 따로 이름 없이 일련번호로 표시된다.

| 2장 |

1. 보이저 1호와 보이저 2호에 실린 레코드의 내용은 코넬대학교의 칼 세이건 교수가 의장을 맡은 위원회가 나사의 위탁을 받아 선별했다. 2011년 후반 보이저 1호와 2호는 태양에서 각각 118AU, 97AU만큼 떨어져 있었고, 신호가 광속으로 전달되는 데 13시간 이상 걸리기는 했지만, 두 우주선 모두 나사의 심우주통신망Deep Space Network* 의 거대한 안테나와 통신하고 있었다.
2. 카이퍼 벨트는 1951년 명왕성 밖에도 천체들이 있다고 제안했던 네덜란드 계 미국 천문학자 제러드 카이퍼(1905~73)의 이름에서 따왔다. 하지만 그는 명왕성이 오르트구름을 향해 혜성들로 이루어진 천체들을 흩뿌릴 만큼 중력이 강력할 거라는 전제 아래 그렇게 생각했다. 이제 명왕성은 카이퍼가 생각한 것보다 훨씬 작다는 사실이 밝혀졌기 때문에 지금 우리가 말하는 카이퍼 벨트는 카이퍼가 애초에 제안한 벨트라고 보기는 어렵다. 해왕성 바깥에 천체들이 있을 거라는 생각은 영국 천문학자 케네스 에지워스가 이미 그보다 8년 전에 생각했고, 그래서 일부 천문학자들은 '에지워스-카이퍼 벨트'라는 말을 더 선호한다. 1980년 우루과이 행성과학자인 훌리오 페르난데즈는 공전주기가 짧은 혜성들이 해왕성 바깥 얼음 천체들로 이루어진 납작한 원반에서 왔을 가능성이 크다고 분명히 말했다. 따라서 제대로 말한다면 현재 카이퍼 벨트라고 불리는 것은 '페르난데즈 벨트'라고 불러야 한다.

   데이비드 주잇이 지적한 대로, '카이퍼 벨트'라는 이름은 '과학에서 어떤 발견도 최초 발견자의 이름을 따서 명명되지 않는다'는 스티글러의 법칙Stigler's law을 따른다. 이 농담 같은 법칙에 확실히 도장이라도 찍듯 시카고대학교 통계학 교수인 스티븐 스티글러는 스티글러의 법칙을 사회학자인 로버트 K. 머튼 덕으로 돌렸다.

   1992년 하와이의 마우나케아천문대에서 처음으로 카이퍼 벨트 천체(명왕성이 아니다)를 발견한 사람은 데이비드 주잇과 제인 루였다. 이 두 사람은 1,000개가 넘는 천체를 찾아냈으며, 이 가운데

* 나사에서 운영하는 통신시설이다. 미국 캘리포니아, 스페인, 호주에 위치해 있다. 태양계 공간에서 운용되는 우주선들과의 통신을 위해 사용되며, 우주에서 오는 전파를 관측하는 데에도 사용된다.

는 명왕성과 크기가 비슷한 천체도 몇 개 있었다. '해왕성 통과 천체transneptunian objects'라는 용어는 해왕성의 공전궤도 밖에서 태양을 공전하는 카이퍼 벨트와 산란원반에 있는 얼음 천체들을 가리킨다.

3. 2006년 체코 프라하에서 국제천문연맹 총회가 열리는 동안, 일부 회원이 참석한 투표에서 명왕성은 행성에서 왜소행성으로 강등됐다. 명왕성은 이 투표 직전까지 1930년 애리조나 주 플래그스태프의 로웰천문대에서 클라이드 톰보가 발견한 이래 태양계 아홉 번째 행성의 지위를 누리고 있었다. 이러한 새로운 분류방식에 대해서는 아직 논란이 많으며, 일부 천문학자들은 명왕성을 왜소행성으로 부르는 것에 반대한다.

4. 이미 1993년 보이저 과학팀은 보이저가 태양권계면太陽圈界面에 도달했다는 첫 번째 직접적인 증거를 발표했다. 태양권계면이란 태양에서 나오는 자기장과 전하를 띤 태양풍 입자가 태양계 밖 성간물질의 자기장과 전하를 띤 입자들과 처음 만나는 영역이다. 보이저는 굉장히 많은 임무를 수행했고, 이후 태양계를 떠나 지금은 외계를 항행하고 있다.

5. 애리조나 주 윈슬로 부근의 '운석구덩이'에서 채취한 금속 표본과 마찬가지로 운석의 연대는 표본에서 나온 납 동위원소의 방사성 붕괴과정을 측정해 얻었다. 방사성 붕괴 결과 마지막으로 나온 물질의 농도를 측정해 그 원소의 원래 농도와 반감기를 바탕으로 운석이 만들어진 시기를 알아낼 수 있다.

6. 2006년 명왕성이 왜소행성으로 강등된 주된 이유는 최근 천문학자들이 정한 행성의 요건 가운데 하나를 만족하지 못했기 때문이다. 명왕성은 다른 행성과 달리 주변 다른 천체들을 중력적으로 깨끗하게 정리하지 못했다. 다시 말해 자신의 궤도 주변에 있는, 태양을 공전하는 미행성들을 끌어들일 만큼 무겁지 않았다. 하지만 명왕성은 행성이 되기 위한 다른 두 가지 요건에는 부합한다. 즉 다른 행성이 아닌 태양을 공전하고, 스스로 구형에 가까운 모양을 유지할 만큼 충분한 질량을 갖고 있다.

7. 적어도 다섯 개의 혜성들이 발견됐다. 즉 133P/엘스트-피자로Elst-Pizarro, 176P/리니어Linear, 238P/리드Read, P/2008 R1 개러드Garradd, P/2010 R2 라 사그라La Sagra다. 게다가 하와이 마우나케이에 있는 나사 적외선천문대Infrared Telescope Facility, IRTF를 이용하는 두 팀이 소행성 24 테미스Themis 표면에서 3.1마이크론 근방의 물 얼음 스펙트럼 흡수선을 확인했다.

| 3장 |

1. 행성이주 과정에서 천왕성과 해왕성 궤도는 서로 교차할 수 있다. 실제로 컴퓨터 모의실험 결과 중 절반가량은 해왕성이 천왕성 안쪽 궤도에서 출발해 나중에는 천왕성 궤도 바깥에 있는 현재 위치로 건너뛸 수 있다는 사실을 보여주었다.
2. 목성의 트로이 소행성군과 함께 해왕성에도 태양 주변을 편대비행하는, 트로이 소행성군과 비슷한 천체들이 여러 개 있다. 화성에도 트로이 소행성군 같은 천체가 몇 개 있으며, 최근 지구 주변에서도 하나가 발견됐다(2010 TK7).
3. 1977년 미국 천문학자 찰스 코왈은 토성과 천왕성 궤도 사이에서 첫 번째 센타우루스 천체 2060 키론Chiron을 발견했다.
4. 2010년 할 레비슨과 동료들은 태양이 자신이 태어난 성단에 머무는 동안 오르트구름을 구성하는 천체의 90퍼센트가 다른 별들에게 포획됐을 수 있다고 발표했다(《사이언스》, 2010년 6월 10일자, '태양이 탄생한 성단에서 일어난 오르트구름의 포획Capture of the Sun's Oort Cloud from Its Birth Cluster')'.
5. 후기 대충돌기 중에 달에 충돌한 천체의 총 질량은 10^{22}그램으로 추정되는데, 이는 지름이 194킬로미터인 암석 소행성 하나와 맞먹는다. 화성에는 더 많은 천체들이 부딪쳤을 것이며, 이때 유입된 혜성 일부는 지금도 화성 표면과 지하에 있는 얼음을 전달했을지도 모른다. 마찬가지로 달 표면의 얼음도 혜성을 통해 왔을 가능성이 있다. 1949년 랄프 볼드윈이 고전에 속하는 논문인 〈달의 위상The Face of the Moon〉에서 '달 형성 초기 아주 빠르게 운석물질이 축적될 수 있었을 것'이라고 말하기는 했지만, 아폴로 우주선이 싣고 온 월석의 연대가 측정된 뒤에야 후기 대충돌기는 그 강력한 증거로 제시됐다.
6. 붕괴되지 않는 혜성에서도 얼음이 기화되고, 그 뒤를 이어 가스, 먼지, 잔해덩어리가 떨어져 나간다. 그래서 혜성은 궤도상에 먼지와 잔해물로 이루어진 자취를 남기며, 이러한 자취가 지구를 쓸고 지나갈 때 유성우가 나타난다.
7. 1901년 야르콥스키는 행성들이 에테르를 통과할 때 에테르의 저항력에 에너지를 잃지 않는 이유로 열적인 힘을 들면서 이러한 힘이 행성들을 밀어낼 거라고 생각했다. 이제 우리는 행성간공간에 에테르가 없다는 것을 잘 알고 있다. 따라서 그가 자신의 이름을 딴 야르콥스키 효과를 제대로 밝힌 것은 인정하지만, 잘못된 근거를 바탕으로 했다는 사실을 알게 됐다.
8. 요프 효과는 2007년 북아일랜드 천문학자 스티븐 로리와 동료들이 지금 우리가 54509 요프YORP라

고 부르는 소행성 54509 2000 PH5의 자전주기가 늘어난다는 사실을 자세히 분석해 처음으로 밝혀냈다.

| 4장 |

1. 1807년 12월 14일 아침, 코네티컷 주 웨스턴 부근 상공에 소행성 파편들이 충돌해 뉴잉글랜드에서는 거대한 화구사건이 목격됐다. 예일대학교 화학과 교수인 벤저민 실리먼과 대학 사서인 제임스 킹즐리가 거기서 떨어져 나온 운석 표본들을 채집했다. 하늘에서 떨어진 이 돌들을 본 토머스 제퍼슨 대통령은 회의적인 태도를 보였다. 그렇다고 해도 그가 했다고 회자되는 말은 아무래도 사실이 아닌 것 같다.
   "그 돌들이 하늘에서 떨어졌다는 걸 믿느니 차라리 양키 교수 두 양반이 거짓말했다고 믿는 게 낫겠군."
2. 1893년 에스토니아 출신 천문학자 에른스트 외픽이 이 논문을 출판한 것은 겨우 스물세 살 때였다. 야르콥스키 효과가 처음 실린, 당시 알려지지 않았던 소논문에 처음 관심을 기울인 사람도 외픽이었다. 그는 70년 동안 천문학자로 일하면서 놀라울 만큼 다양한 연구분야에 기여했다. 그의 관심분야는 항성 내부구조와 유성체 물리, 혜성, 소행성, 지구, 달, 우주탐사, 우주론, 우주생물학을 망라했다. 뿐만 아니라 성공한 작곡가이기도 했다. 1970년대 초 외픽이 북아일랜드 아르마천문대에서 《아일랜드 천문학 저널》 편집자 자격으로 메릴랜드대학교에서 하계강의를 맡았을 때 필자는 영광스럽게도 그와 만났고, 당시 대학원생이었던 필자는 그에게 크게 감동받았다. 외픽의 손자인 렘비트 외픽은 1997년부터 2010년까지 영국 의회에서 의원으로 일하면서 근지구천체에 관한 연구를 지지했다.
3. 달 형성에 관한 그 밖의 가설들로는 빠른 속도로 자전하는 원시지구로부터 달이 분열됐다는 설, 원시지구에 포획됐다는 설, 지구와 동시에 만들어졌다는 설이 있다. 이러한 가설에는 역학적으로 여러 문제점들이 있다. 특히 포획설은 존재 가능성이 없어 보이는 제3의 천체와의 상호작용을 전제로 한다. 분열설의 경우 지구가 어떻게 달이 떨어져나갈 만큼 빠르게 자전했다가 지금처럼 느려질 수 있는지 이해하기 어렵다. 게다가 달에 휘발성 물질이 거의 없는 사실도 해명하지 못한다. 쌍성강착모형雙星降着模型, binary accretion model은 달과 그 원시 마그마 바다에 철로 이루어진 제대로 된 핵이 없다는 사실을 설명하지 못한다.

4. 우리 인간은 몸 안팎으로 인체 세포보다 10배나 많은 세균 세포를 가지고 있다. 세균들은 우리 몸을 보호하고 소화를 돕는 등 우리가 생각하는 것보다 좋은 일들을 훨씬 더 많이 한다. 그러니까 "아이고!" 하고 탄식하기보다는 좋아하려고 애써보라.
5. 태양계의 다른 천체나 어쩌면 태양계 바깥 천체에서 이미 만들어진 단순한 생명체가 먼지나 혜성, 소행성에 실려 떠돌다가 (충돌로 인해) 지구에 도달했을 가능성도 있다. 이러한 범종설panspermia은 많은 주목을 받았다. 하지만 우주선cosmic ray과 자외선으로부터 보호받지 못하면서 우주에 장기간 머무는 것은 거의 모든 생명체에 치명적이라는 점을 들어 과학자 대부분은 이러한 가능성을 일축했다. 이 가설이 타당한지에 대해서는 아직 결론에 이르지 못했다. 그러나 원시생명이 지구에 전달됐을 거라는 생각은 생명이 지구에서 탄생해 다른 곳으로 전달됐을 가능성은 일단 접은 것이다.
6. 1952년 스탠리 밀러와 해럴드 유리는 기발한 실험을 했다. 지구 원시대기에 존재했다고 생각되는 무기화합물로부터 유기화합물이 합성되는 화학반응이 일어났을 거라는 아이디어를 확인하기 위해서였다. 두 사람은 물과 메탄, 암모니아, 수소 기체를 용기에 넣고 강렬한 전기방전을 일으켰다. 일주일이 지난 뒤 장치 안에 든 탄소의 10~15퍼센트는 유기화합물로, 2퍼센트는 아미노산으로 변했다. 실험에 쓰인 화합물이 지구 초기의 대기와 비슷한지 여부와는 별개로 이 두 사람은 유기화합물이 쉽게 합성될 수 있음을 보여줬다.
7. K-T 멸종사건이 일어난 원인에 대해서는 아직 의견이 분분하다. 일부 과학자들은 K-T 멸종이 약 6,500만 년 전 인도 중서부에서 화산활동이 늘어났던 시기와 관련 있을 거라고 생각한다. 인도의 데칸 용암대지는 지구에서 가장 넓은 화산성 용암지대에 속한다. 대규모 화산 분출의 영향으로 산성비와 오존층 파괴, 기후변화가 있었을 거라 예상할 수 있다. 하지만 소행성 충돌과 화산활동이 동시에 K-T 멸종사건의 원인이 됐을 가능성도 있다. 좀더 최근에는 많은 연구자들이 K-T 멸종사건을 K-Pg 멸종사건(백악기-고제3기Cretaceous-Paleogene)이라고 부르기 시작했다.

| 5장 |

1. 도널드 여맨스의 《혜성: 관측, 과학, 신화, 민속의 연대기》 265쪽 참고.
2. 보데의 법칙은 '과학에서 어떤 발견도 최초 발견자의 이름을 따서 명명되지 않는다'는 스티글러의 법칙을 보여주는 좋은 예다. 2장 주석 2번을 참고하라. 보데의 법칙은 천왕성에는 꽤 잘 맞아

떨어지지만 해왕성의 경우 그렇지 않다. 실제 궤도장반경(괄호 안 앞쪽)과 보데의 법칙이 예상하는 궤도장반경(괄호 안 뒤쪽)은 각각 수성이 (0.4, 0.4), 금성이 (0.7, 0.7), 지구가 (1.0, 1.0), 화성이 (1.5, 1.6), 목성이 (5.2, 5.2), 토성이 (9.5, 10.0), 천왕성이 (19.2, 19.6), 해왕성이 (30.1, 38.8)이다. 보데의 법칙은 신기하게도 잘 맞는 수열을 보여주는 좋은 예지만, 믿을 만한 물리적 근거는 없다.

3. 피아치는 처음에 나폴리와 시칠리아의 왕 페르디난드 4세의 이름을 따 세레스 페르디난데아라는 이름을 제안했다.
4. 이 궤도결정방법은 1801년 11월 가우스가 세레스의 궤도요소를 알아내기 위해 개발한 뒤 1809년 출판됐다. 이 방법은 현대 컴퓨터에 맞게 수학적으로 개선되기는 했지만, 지금도 여전히 쓰이고 있다.
5. 윌리엄 허셜은 소행성이 작은 별과 닮았다고 해서 처음으로 'asteroid'라는 용어를 사용했다. 그러나 국제천문연맹은 'minor planets'라고 부르는 것을 선호한다. 현재 두 용어 모두 쓰인다. 19세기 상반기에는 세레스를 행성이라고 생각했지만, 이후 소행성으로 불리다가 2006년 국제천문연맹은 이를 소행성에서 왜소행성으로 승격시켰다.
6. 엘리너 헬린은 근지구천체 탐색분야의 개척자이자 '수도원'이라는 별칭이 붙은 팔로마산천문대의 숙소를 정기적으로 써도 된다고 허가받은 최초의 여성이었다. 글로가 성차별을 깨기 전까지 '수도원'은 완전히 남성클럽이었다. 필자가 만난 가장 단호한 사람 가운데 한 명이었던 글로는 이러한 차별을 참지 못했고, 인습 따위는 내던져버리는 인물이었다. 그녀는 상냥했지만, 동시에 거침이 없었다. 1982년 팔로마산천문대에서 관측활동을 할 때 진 슈메이커와 격렬하게 논쟁한 뒤 '수도원'으로 돌아가 출입문을 잠그는 바람에 슈메이커가 잠자러 들어갈 수 없었던 일도 있다. 두 사람의 협력관계는 그 후 바로 끝장났다. 데이비드 레비의 《레비가 본 슈메이커: 세상에 영향을 미쳤던 남자 Shoemaker by Levy: The Man Who Made an Impact》(프린스턴: 프린스턴 대학교 출판부, 2000) 172쪽(국내 미출간).
7. 진 슈메이커는 1997년 7월 호주에서 자동차 사고로 사망했다. 그는 지질학자였고, 에디슨 병을 갖고 있다는 이유로 아폴로 우주비행사 프로그램에서 실격됐던 일을 매우 아쉬워했다. 에디슨 병은 스테로이드 호르몬을 조절하는 부신에 영향을 주는 이상현상으로 생긴다. 하지만 그는 아폴로 우주비행사들에게 달 표면에 대해 강의하는 중요한 일을 했으며, 그를 화장한 재의 일부는 나사의 무인 달탐사선인 루나 프로스펙터Lunar Prospector에 실렸다. 진 슈메이커는 죽은 지 2년이 지난 1999년 7월, 임무

를 마친 루나 프로스펙터에 달과 충돌하라는 지상국 명령이 떨어졌을 때 마침내 달로 가는 데 성공했다.

8. 후속 관측은 근지구천체를 발견한 뒤 궤도 결정에 필수적이며, 세계 곳곳에서 이루어진다. 이러한 관측활동으로는 프랑스 깐느 북부 코트다쥐르천문대의 구경 0.9미터 망원경을 이용하는 독일-프랑스 공동연구(중단됨)와 이탈리아의 아시아고-치마 에카르에서 진행하는 이탈리아-독일 공동연구, 체코공화국 클렛천문대 후속관측 프로그램, 일본 비세이 소재 일본우주방위협회 프로그램 등이 있다. 카나리아 제도에 있는 라 팔마에서 1미터 망원경을 이용하는 앨런 피츠시몬즈와 쾌청한 하늘을 보기 어렵기로 유명한 영국에서 작업했음에도 성공적으로 후속 관측을 한 피터 버트휘슬도 빼놓을 수 없다. 미국에서 주도적으로 후속 관측을 진행한 연구자들로는 하와이의 데이브 톨렌과 투손 근처 스페이스워치천문대의 밥 맥밀란, 제프 라슨, 짐 스카티, 테렌스 브레시, 뉴멕시코 막달레나 릿지 천문대에서 구경 2.4미터 망원경을 이용하는 빌 라이언과 에일린 라이언, 애리조나 주 플래그스태프 부근 미국 해군성천문대의 앨리스 모넷과 휴 해리스, 일리노이 주에서 로버트 홈즈가 이끄는 팀, 남캘리포니아에 있는 제트추진연구소 테이블 마운튼 천문대의 빌 오웬과 (지금은 은퇴한) 짐 영 등이 있다.

9. 이 가운데 두 번째 보고서는 1992년 8월 '근지구천체 요격 워크숍에 대한 요약 보고서Summary Report of the Near-Earth-Object Interception Workshop'라는 제목으로 발표됐다. 나사의 존 래더와 유르겐 라헤가 워크숍 의장을 맡았다. 이 보고서는 필요한 기술을 개발하고 적합한 실험 프로그램을 시행한다면 끔찍한 충돌을 상당 부분 막을 수 있는 기술적인 접근방법이 있다고 밝혔다. 일부 참가자들은 폭발물을 탑재하지 않은 우주선을 충돌시켜 작은 소행성의 경로를 바꾸는 실험을 해야 한다고 강력히 촉구했다. 그러나 많은 참가자들은 우주 공간에서 핵을 사용하는 것에 대해 큰 우려를 표했다.

10. '우주방위Spaceguard'라는 용어는 원래 1973년 발표된 아더 C. 클라크의 SF 소설 《라마와의 랑데부》에서 사용됐다. 이 소설에서는 지구위협 궤도에 있는 근지구천체들을 검출하기 위해 우주방위 프로젝트를 수립하는 상황이 묘사된다.

11. 그랜트 스토크스는 스콧 스튜어트, 에릭 피어스, 마이클 하바넥이 공동연구자로 일하는 리니어 프로젝트의 초기 연구책임자였다. 1998년 스티브 라슨이 시작한 카탈리나 전천탐사연구는 에드 비쇼어가 연구책임자로 일했다. 성공적으로 진행 중인 이 탐사연구에는 안드레아 보아티니, 고든 개

러드, 알렉스 깁스, 앨 그로어, 릭 힐, 리처드 코왈스키, 롭 맥너트가 소속되어 있었다. 중단된 다른 탐사관측 프로젝트로는 1990년 호주 사이딩스프링에서 던컨 스틸 주도로 1.2미터 슈미트망원경을 이용했던 사진관측 프로그램도 있었는데 오래가지는 못했다. 1993년부터 2008년까지는 테드 보웰과 래리 와서맨이 로웰천문대 0.6미터 망원경을 이용해 로웰천문대 근지구천체 탐사관측 연구LONEOS를 운영했다. 1995년 하와이의 할레아칼라 산에서 시작해 수년간 지속된 제트추진연구소의 근지구소행성 추적 프로그램NEAT은 공군과의 협력으로 공군의 1미터 망원경을 쓰다가 1.2미터 망원경으로 바꿔 진행됐다. NEAT는 계획을 바꿔 2001년부터 남캘리포니아의 팔로마 산에서 1.2미터 슈미트망원경을 쓰기 시작했다. 연구책임자인 엘리너 헬린과 데이비드 라비노비츠가 주도한 NEAT 프로그램은 제트추진연구소의 스티브 프라브도와 레이 뱀버리가 이어받았고, 그 뒤에는 캘리포니아공과대학교의 마이크 브라운이 이끌다 2007년 활동을 중단했다. 제트추진연구소의 켄 로렌스는 12년에 걸친 NEAT 프로그램의 데이터와 엘리너 헬린이 수행한 초기 사진관측 데이터 분석작업을 정열적으로 진행했다.

12. 앨런 W. 해리스는 2006년과 2011년에 '크기-빈도 연구size-frequency study'를 진행해 특정 크기의 근지구소행성이 실제로 몇 개 있는지 알아냈다. 이 연구를 바탕으로 그는 1킬로미터보다 큰 근지구소행성은 약 990개, 140미터보다 큰 것은 약 2만 개, 30미터보다 큰 것은 100만 개 넘게 있다는 사실을 알아냈다. 소행성대에 속한 큰 소행성들은 수백만 번 넘게 서로 부딪치고 깨져 파편 크기는 점점 작아진다. 그 결과 나중에는 작은 부스러기들이 많아지고 상대적으로 큰 것은 대부분 없어진다. 커다란 망치로 벽돌을 때릴 때 이러한 일이 벌어진다. 즉 작은 조각들은 굉장히 많고 큰 조각들은 적다.

    앨런 윌리엄 해리스라는 이름의 소행성 과학자가 두 명 있다. 한 사람은 남캘리포니아에 있고 다른 한 명은 독일에 있다. 여기서 언급한 앨런 해리스는 남캘리포니아에 살고 있으며 독일의 동료 천문학자보다 일곱 살 많아서 본문에서 그를 나이 많은 앨런 W. 해리스라고 썼다.

13. 팀 스파와 가레스 윌리엄스, 호세 갈라체, 소냐 키스, 칼 헤르겐로더는 피곤한 줄도 모르고 데이터를 처리하는 일을 한다. 1978년부터 2006년까지 소행성센터 소장으로 일했던 브라이언 마스덴은 2010년 11월 때이른 죽음을 맞기 전까지 태양 관측위성인 소호가 검출한, 태양과 충돌해 생을 마치는 작은 혜성들을 포함해 많은 혜성들의 궤도까지 계산했다. 1995년 12월 발사된 소호는 태양의 활동을 감시하기 위해 설계됐다. 소호가 보낸 영상들은 태양 근처에서 2,000개가 넘는 작은 혜

성들을 발견하는 데에도 이용됐다. 이 가운데 다수는 일반인에게 공개된 온라인 소호 영상 페이지를 통해 세계 각국의 아마추어 천문가들이 발견한 것이다(http://sungrazer.nrl.navy.mil/index.php?p=cometform).

14. 피사에서는 안드레아 밀라니가 책임을 맡고 있으며, 바야돌리드대학교의 지오반니 그론키, 파브리지오 베르나디, 지오반니 발세치, 제니 산사투리오가 그를 돕고 있다. 필자는 제트추진연구소에서 나사 근지구천체 프로그램 연구실 실장으로 있으며,* 스티브 첼시, 앨런 체임벌린, 폴 초더스, 존 조지니, 스티브 체슬리 등이 핵심 연구원으로 참여한다. 스티브 첼시는 1999년 1월 인터넷에 선보인 이탈리아의 NEODyS 시스템과 2년 뒤에 공개한 제트추진연구소의 센트리시스템을 구축하는 데 핵심적인 역할을 했다.
15. http://neo.jpl.nasa.gov/neo/report.html에서 2003년 보고서 참고.
16. 이해를 돕기 위해 예를 들자면 보름달의 각면적**은 약 0.2제곱도다.
17. 천문학에서 등급은 천체의 겉보기밝기를 나타내는 데 쓰인다. 태양 이외에 가장 밝은 별은 시리우스로, 겉보기등급이 -1.5다. 1등급 늘어날 때마다 밝기는 2.5배 감소하기 때문에 6등급 별은 1등급보다 100배 어둡다.
18. LSST 추진 상황은 http://www.lsst.org/lsst에서 확인할 수 있다.
19. http://neo.jpl.nasa.gov/neo/report2007.html에 있는 나사의 2007년 보고서를 참고하라. 미국 국립연구회는 2010년 〈행성방위: 근지구천체 탐사관측 및 위험 최소화 전략Defending Planet Earth: Near-Earth-Object Surveys and Hazard Mitigation Strategies〉(워싱턴 D.C.: 미국 국립학술원출판사, 2010)이라는 후속 보고서를 통해 2007년 보고서의 많은 권고사항을 지지했다.

| 6장 |

1. 작가이자 만화가인 칼 바크스는 우주탐사와 발명을 주제로 한 이 이야기를 비롯해 도널드 덕이 등장하는 여러 만화들을 그렸다. 1983년 초 칼 바크스는 한 소행성이 그의 이름을 따 명명되는 영예를 누렸다. 그 소행성은 2790 바크스Barks다. 소행성 바크스는 플래그스태프 근처 로웰천문대에서 테드 보웰이 발견했다. 개인적으로 이 일화에 관심을 갖게 해준 테드에게 고맙게 생각한다.

---

* 현재는 은퇴했다.

** 천구상에서 도, 분, 초를 이용해 측정한 면적이다.

2. 니켈-철 성분으로 된 소행성 파편들은 단단하고 지구 대기를 통과해 살아남는 경우가 많기 때문에 그 수가 많지 않아도 수집된 운석 중에는 니켈-철 성분으로 된 것이 제일 많다. 게다가 그 수가 압도적으로 많은 암석질 운석보다 눈에 잘 띈다. 이들은 M형 소행성과 관련 있는 경우가 많은데 'M'은 금속성metallic을 뜻한다. 그러나 M형 소행성 모두가 금속성을 띠는 것은 아니며, 어떤 것은 물이 포함된 광물형태로 존재해 물이 있다는 증거가 되기도 한다. 이러한 수화광물은 장석과 같은 결정구조가 있는 광물이 물과 섞여 점토광물이 될 때 만들어진다.
3. 괴짜들은 종종 자신의 자동차를 1광초(29만 9,792.458킬로미터) 동안 버티게 하려고 애쓴다.
4. 워싱턴주립대학교의 스콧 허드슨은 레이더 자료와 도플러 측정 자료를 이용해 소행성의 형상모형을 만드는 복잡한 컴퓨터 기술을 최초로 개발했다. 소행성 형상모형을 만드는 새로운 연구분야의 개척자들로는 아레시보의 마이크 놀란과 코넬대학교의 돈 캠벨, 캘리포니아대학교 로스앤젤레스 캠퍼스의 장-뤽 마고와 마이클 부시, 제트추진연구소의 랜스 베너, 마리나 브로조비치, 특히 고故 스티브 오스트로가 있다.
5. 지금까지 30여 개의 혜성들이 붕괴되는 현상이 관측됐다. 이 중 네 개는 조석효과가 원인이었다. 그 예로 혜성 D/슈메이커-레비9Shoemaker-Levy9은 1929년경 목성 주위를 도는 궤도에 붙잡힌 뒤 1992년 7월 목성 반지름의 3분의 1 거리 안으로 들어가 목성 표면에 바싹 접근했다. 당시 혜성의 가장 가까운 쪽을 잡아당기는 목성 중력이 가장 먼 쪽을 잡아당기는 중력보다 셌기 때문에 혜성은 조석 스트레스를 경험했다. 그리고 2년 후인 1994년 7월 20개가 넘는 파편이 초속 약 60킬로미터로 목성대기에 충돌했다. 이 혜성을 비롯해 몇몇 다른 혜성에는 현재 존재하지 않거나 죽었다는 표시로 D라는 접두사를 붙인다. 또 다른 혜성인 16P/브룩스2 16P/Brooks2는 1886년 목성에 가까이 다가갔을 때 붕괴됐고, 그밖에 다른 혜성 두 개가 태양 반지름의 두 배 거리 안으로 태양에 접근한 뒤 부서졌다. 그 당시 기조력起潮力은 그다지 크기 않았기 때문에 이 혜성들이 구조적으로 아주 취약했을 거라고 짐작할 수 있다. 그러나 조석효과로 깨진 것이 아닌 대다수의 혜성들이 왜 부서지기 시작했는지는 분명치 않다. 빠른 자전속도가 그 가능성 가운데 하나다.

| 7장 |

1. 금에 대한 플래티늄의 상대적 가치는 신용카드 업계와 항공사 고객클럽에서도 인정받아 플래티늄 카드가 골드 카드보다 더 고급인 것으로 인식된다. 한편 로듐은 플래티늄보다 반사율이 높고 부

식에 강해 보석이나 거울, 촉매 변환장치에 이용될 뿐 아니라 플래티늄과 합금하여 항공기 터빈엔진에 쓰인다. 이렇듯 훨씬 귀하고 비싼 금속 로듐을 신용카드 업계에서는 아직 인식하지 못하고 있다.

2. 헬륨의 동위원소인 헬륨3(^{3}He)는 수소의 동위원소인 중수소(^{2}H 또는 D)와 함께 핵융합로에서 훌륭한 에너지원으로 쓰일 수 있다. 따라서 헬륨3는 언젠가 우주에서 제일 가치 있는 자원이 될지도 모른다. 우리는 태양풍이 수백만 년 넘게 달 표면에 뿌려놓은 헬륨3를 수집할 수는 있으나 지구에서는 대기가 이렇게 가벼운 형태의 헬륨이 지구 표면에 도달하지 못하도록 막는다.
3. 지구고궤도에서는 지표에서보다 태양광을 훨씬 효율적으로 모을 수 있다. 지구 대기는 햇빛의 약 30퍼센트를 반사하지만, 약 3만 6,000킬로미터 정지고도에 있는 집광판은 이러한 영향에서 자유로우며, 밤낮 없이 계속 가동돼 지표의 특정 지역으로 태양에너지를 전송할 수 있기 때문이다. 이러한 장점은 대기를 통과해 에너지를 전송해야 하는 단점과 비교검토돼야 한다.
4. 우주발사체 기술을 보유한 국가 대부분이 서명한 현재의 우주조약은 그 국가들로 하여금 특정 천체에 대해 주권을 주장하는 것을 금지하고 있지만, 민간업체의 사적인 소유는 거부하지 못할 수도 있다.
5. 근지구소행성까지의 왕복시간은 소행성 궤도가 지구 궤도와 얼마나 비슷한지, 소행성에 머무는 시간은 어느 정도인지, 대형 로켓은 몇 대나 쓸 수 있는지, 승무원이 탄 우주선이 소행성으로 출발하기 전에 지구 궤도에서 화물선과 도킹해 연료와 물품을 보급받을 수 있는지 여부를 포함해 여러 요인에 따라 달라질 수 있다. 왕복하기 제일 쉬운 소행성은 지구와 비슷한 궤도를 공전하는 소행성들이다. 다시 말해 지구와 공전궤도면이 같고 태양과의 거리도 거의 비슷한, 원에 가까운 궤도를 공전해야 한다. 아텐 그룹 소행성이 대부분 그러하며, 따라서 광물과 금속을 이용하기 가장 쉽다. 9장에서 알아보겠지만, 아텐 그룹 소행성은 충돌위협 또한 가장 높기 때문에 태양계에서 가장 가치 있는 동시에 가장 위험한 천체다.
6. 일반적으로 남자들은 여자들보다 방사선에 의한 조직 손상에 덜 민감하다. 게다가 나이든 남자가 젊은 남자보다 덜 민감하기 때문에 어쩌면 근지구소행성과 화성 유인탐사 계획에서 가장 이상적인 승무원은 '영감' 우주비행사들일지도 모른다. 노인들이 지배한다!

| 8장 |

1. 지구가 사과 크기만큼 줄어든다면 지구 대기권은 사과 껍질 두께와 거의 같다. 지구에 생명체가 살 수 있는 것은 바로 이처럼 얇고 약한 대기 덕분이다.
2. 운석은 대부분 석질이지만, 너무 강해 잘 깨지지 않는 작은 철질 운석은 대부분의 에너지를 유지한 채 땅에 떨어진다. 철질 운석은 지구에 떨어지는 전체 질량의 5퍼센트 이하지만, 눈에 잘 띄고 풍화에도 잘 견디기 때문에 현재 수집된 운석 가운데 상당 부분을 차지한다. 작은 물체는 대부분 너무 약해 지표에 도달하지 못하며, 운석은 지구 대기로 들어오는 작은 유성체 가운데 극히 일부에 불과하다.
3. 표 8.1의 추정치는 퍼듀대학교에서 제공하는 멋진 웹사이트 http://www.purdue.edu/impactearth를 참고했다.
4. 레오니트 알렉세예비치 쿨리크는 1920년 상트페테르부르크 박물관의 운석수집 책임자가 되어 구소련에 떨어진 운석의 위치를 알아내 조사하는 일을 맡았다. 1921년 퉁구스카 현장방문을 시도했지만 성공하지 못하다가 1927년과 1929년, 1938년 가까스로 현장답사를 가서 사진을 찍고 조사내용을 기록으로 남겼다. 그는 혁명운동으로 한동안 수감생활을 했으며, 1942년 4월 나치 수용소에서 생을 마감했다.
5. 맨눈으로 볼 수 있는 것은 대개 6등급이나 그보다 밝은 별이다(즉 6등급 이하). 베스타는 가장 밝을 때 5.3등급에 달하며, 달 없는 맑고 캄캄한 밤에 눈 좋은 사람이 제대로 찾는다면 맨눈으로 볼 수 있다. 앞으로 베스타가 5.3등급까지 밝아지는 때는 2029년 7월 10일이다. 그보다 석 달 전인 2029년 4월 13일에는 근지구소행성 아포피스가 지구로부터 지구 반지름의 다섯 배 이내 거리를 통과한다. 유럽과 북아프리카에서는 겉보기등급이 3.5(베스타보다 다섯 배 밝음)라서 맨눈으로 볼 수 있다. 달력에 표시해둘 것.
6. 질량과 부피를 알고 있는 소행성이 거의 없기 때문에 소행성의 밀도(질량을 부피로 나눈 값) 역시 알기 어렵다. 탐사선 데이터를 바탕으로 계산한 석질 근지구소행성 에로스의 밀도는 세제곱센티미터당 2.7그램이다. 혜성의 밀도를 정확하게 계산한 값을 얻으려면 2014년 유럽우주기구의 로제타 탐사선이 추류모프-게라시멘코 혜성에 도착할 때까지 기다려야 한다. 현재 간접적인 측정결과를 기초로 혜성의 밀도가 세제곱센티미터당 0.6그램 정도라는 것을 알아냈다. 물의 밀도가 세제곱센티미터당 1그램이므로 혜성 핵이 들어갈 수 있을 만큼 큰 그릇이 있다면 물 위에 둥둥 뜰 것이

다.*

7. 마크 보슬로는 과학적인 역량 못지않게 예리한 유머감각의 소유자다. 보슬로는 자신의 유머감각을 이따금 사이비 과학을 풍자하는 데 쓴다. 1998년 4월 만우절, 그는 창조론자에 관해 풍자하면서 '성서적인 숫자'인 3으로 원주율π을 바꾸려는 앨라배마 주 의회의 가상투표에 관한 글을 썼다. 잠시였지만 많은 사람들이 그 이야기를 그대로 믿었다.

| 9장 |

1. 2008년 10월 6일 미국 동부표준시로 오전 9시 30분경 페리노 대변인은 '주의하시오!HEADS UP!'라는 제목의 이메일을 받았다. 소행성 하나가 수단을 향해 날아오고 있다고 경고하면서 수단에 연락을 취해 알리라는 내용이었다. 하지만 당시 미국과 수단 정부 사이에는 공식 관계가 없었기 때문에 연락은 이루어지지 않았다.
2. 엄격히 말해 불확정 타원체의 어느 한 부분이라도 지구의 (중력적인) 포획단면적에 닿는다면 충돌 확률은 0이 아니다. 지구의 포획단면적은 지구 지름보다 약간 크며, 근지구천체와 지구 사이의 상대 속도에 따라 달라진다. 예컨대 근지구천체가 초속 10킬로미터로 지구에 다가올 경우 지구 중심으로부터 지구 반지름의 1.5배 안으로 들어오기만 하면 충돌이 일어난다.
3. 제트추진연구소의 근지구천체 프로그램 연구실 웹사이트는 http://neo.jpl.nasa.gov다. 이보다 기술적인 내용이 비교적 덜한 웹사이트로는 http://www.jpl.nasa.gov/asteroidwatch/index.cfm이 있다.
4. 'OSIRIS-REx'는 '기원-분광해석-자원확인-방위-표토탐사선Origins-Spectral Interpretation-Resource Identification-Security-Regolith Explorer'이라는, 만만치 않게 어려운 내용을 억지로 끼워 맞춘 첫머리글자의 조합이다. 2011년 9월 애리조나대학교의 마이클 드레이크가 때이른 죽음을 맞기 전까지 연구책임자로 일했다. 현재 이 임무는 나사 고다드우주비행센터Goddard Space Flight Center에서 맡아 관리하고 있다.

| 10장 |

1. 중력견인 우주선은 이온엔진으로 작동될 가능성이 높다. 이온엔진은 제논 같은 중성 원자들이 고

---

* 로제타 탐사선은 11년에 걸쳐 65억 킬로미터를 항행한 끝에 2014년 8월 6일 추류모프-게라시멘코 혜성에 도착했다.

에너지 전자들에 의해 이온화된 뒤, 정전기적으로 가속돼 다시 전자들에 의해 중성화되는 과정을 거친다. 이때 아주 작지만 지속적인 추진력이 생긴다. 소행성에 저추력low thrust 이온엔진을 달아 아주 작은 힘이지만 지속적으로 소행성을 밀어주는, 중력견인을 대체할 만한 재미있는 개념도 고려되고 있다. 소행성 표면 근처에 우주선이 계속 머물기 위해서는 우주선 반대쪽에 이온엔진을 달아 같은 크기의 가속도로 추진력을 가해야 한다.

2. 경험법칙에 따르면 암석 소행성의 탈출속도(단위: m/s)는 대략 소행성 반지름(단위: km)의 크기와 같다. 예를 들어 반지름이 100미터(0.1킬로미터)인 소행성의 탈출속도는 대략 초속 0.1미터 또는 초속 10센티미터가 된다. 시속으로는 360미터로 너무 느려서 그 위를 걷는 것은 불가능하며, 한 걸음 내딛는 동시에 탈출궤도에 진입한다.

3. 아폴로 그룹 소행성 1566 이카루스는 1949년 6월 26일 월터 바데가 팔로마산천문대 48인치 슈미트 망원경으로 발견했다. 이즈음 이카루스는 1,500만 킬로미터 이내로 지구를 통과했다. 1968년 6월 14일에는 지구로부터 640만 킬로미터 안쪽을 지나갔으며, 2015년 6월 16일에는 800만 킬로미터 떨어져 지구를 지나간다.* 이는 2090년 6월 14일 650만 킬로미터 거리를 지나갈 때까지 최접근 기록으로 남을 것이다. MIT의 '이카루스 프로젝트'는 책으로 기록됐으며, (별로 기억에 남지 않는) 영화 〈지구의 대참사Meteor〉(1979)에 영감을 주었다.

4. 정치사회적인 이슈 가운데 가장 까다로운 것 중 하나가 바로 궤도변경 임무의 개시시점이다. 의사결정자들은 충돌 예보를 접하고 걱정은 하면서도 그 확률이 확실치 않다고 생각할지도 모른다. 지구와 충돌이 예보된 특정 근지구천체가 앞으로 20년 뒤 5퍼센트의 확률로 충돌할 가능성이 있다고 치자. 그렇다면 지상관측을 통해 확률이 50퍼센트 이상 올라갈 때까지 기다렸다가 임무를 시작해야 할까? 그렇게 되면 비용도 훨씬 더 많이 들 것이고, 어쩌면 임무 자체가 불가능해질 수도 있다. 시간이 지나면서 훨씬 더 큰 충격량이 필요한 데다 궤도 변경을 위한 우주선을 개발해 소행성까지 보낼 수 있는 시간이 많지 않기 때문이다. 충돌확률이 0이 아닌 경우 가장 현실성 있는 시나리오가 지상관측을 통해 소행성의 궤도정밀도를 개선하면서 충돌확률을 0으로 떨어뜨리는 거라니, 도박이나 마찬가지 아닌가? 하지만 임무 개시를 위한 충돌확률의 하한은 정책 결정자들이 국제사회에서 해결해야 하는 수많은 이슈 가운데 하나일 뿐이다.

---

* 이카루스는 예측대로 2015년 6월 16일 800만 킬로미터 거리까지 지구에 접근했다.

참고자료

머리말

Lovell, E. J. Jr., ed. 《Medwin's "Conversations of Lord Byron."》 Princeton: Princeton University Press, 1966.

2장

Campins, H., K. Hargrove, N. Pinilla-Alonso, E. Howell, M. S. Kelley, J. Licandro, T. Mothé-Diniz, Y. Fernández, and J. Ziffer. "Water Ice and Organics on the Surface of the Asteroid 24 Themis." 《Nature》 464 (2010): 1320-21.

Fernández, J. A. "On the Existence of a Comet Belt beyond Jupiter." 《Monthly Notices of the Royal Astronomical Society》 192 (1980): 481-91.

Jewitt, D. "What Else Is out There?" 《Sky and Telescope》 119 (2010): 20-24.

Rivkin, Andrew S., and Joshua P. Emery. "Detection of Ice and Organics on an Asteroid surface." 《Nature》 464 (2010): 1322-23.

Stern, Alan, "Secrets of the Kuiper belt." 《Astronomy》 (April 2010): 30-35.

3장

Chesley, S. R., S. J. Ostro, D. Vokrouhlický, D. Capek, J. D. Giorgini, M. C. Nolan, J. L. Margot, A. A. Hine, L. A. M. Benner, and A. B. Chamberlin. "Direct Detection of the Yarkovsky Effect by Radar Ranging to Asteroid 6489 Golevka." 《Science》

302 (2003): 1739–42.

Fernández, J. A., and W. H. Ip. "Some Dynamical Aspects of the Accretion of Uranus and Neptune: The Exchange of Orbital Angular Momentum with Planetesimals." 《Icarus》 58, no. 1 (1984): 109–20.

Gomes, R., H. F. Levison, K. Tsiganis, and A. Morbidelli. "Origin of the Cataclysmic Late Heavy Bombardment Period of the Terrestrial Planets." 《Nature》 435(2005): 466–69.

Levison, H. F., M. J. Duncan, R. Brasser, and D. E. Kaufmann. "Capture of the Sun's Oort Cloud from Its Birth Cluster." 《Science》 329 (2010): 187–90.

Malhotra, R. "The Origin of Pluto's Orbit: Implications for the Solar System beyond Neptune." 《Astronomical Journal》 100, no. 1 (1995): 420–29.

Morbidelli, A., H. F. Levison, K. Tsiganis, and R. Gomes. "Chaotic Capture of Jupiter's Trojan Asteroids in the Early Solar System." 《Nature》 435 (2005): 462–65.

Tsiganis, K. R., R. Gomes, A. Morbidelli, and H. F. Levison. "Origin of the Orbital Architecture of the Giant Planets of the Solar System." 《Nature》 435 (2005): 459–61.

4장

Alvarez, L. W., W. Alvarez, F. Asaro, and H. V. Michel. "Extraterrestrial Cause for the Cretaceous–Tertiary Extinction." 《Science》 208 (1980): 1095–1108.

Hildebrand, A. R., G. T. Penfield, D. A. Kring, M. Pilkington, A. Camargo Z., S. B. Jacobsen, and W. V. Boynton. "Chicxulub Crater: A Possible Cretaceous/Tertiary Boundary Impact Crater on the Yucátan Peninsula, Mexico." 《Geology》 19 (1991): 867–71.

6장

Chapman, Clark R., and David Morrison. "Impacts on the Earth by Asteroids and Comets: Assessing the Hazard." 《Nature》 367 (1994): 33-40.

Bottke, W. F., Jr., A. Cellino, P. Paolicchi, and R. P. Binzel. "An Overview of the Asteroids: The Asteroids III Perspective." In 《Asteroids III》, ed. W. F. Bottke Jr., A. Cellino, P. Paolicchi, and R. P. Binzel, 3-15. Tucson: University of Arizona Press, 2002.

Davis, D. R., C. R. Chapman, R. Greenberg, S. J. Weidenschilling, and A. W. Harris. "Collisional Evolution of Asteroids: Populations, Rotations and Velocities." In 《Asteroids》, ed. T. Gehrels, 528-57. Tucson: University of Arizona Press, 1979.

Ostro, S. J., R. S. Hudson, M. C. Nolan, J. L. Margot, D. J. Scheeres, D. B. Cambell, C. Magri, J. D. Giorgini, and D. K. Yeomans. "Radar Observations of Asteroid 216 Kleopatra." 《Science》 288 (2000): 836-39.

7장

Landis, Rob. "NEOs Ho! The Asteroid Option." 《Griffith Observer》 73, no. 5 (2009): 3-19.

Lewis, John S., 《Mining the Sky》. Reading, MA: Helix Books, Addison-Wesley, 1997.

8장

Boslough, M., and D. Crawford. "Low-Altitude Airbursts and the Impact Threat." 《International Journal of Impact Engineering》 35 (2008): 1441-48.

Halliday, Ian, A. T. Blackwell, and A. A. Griffin. "Meteorite Impacts on Humans and Buildings." 《Nature》 318 (November 28, 1985): 317.

Harris, Alan. "What Spaceguard Did." 《Nature》 453 (June 26, 2008): 1178-79.

Lloyd, Robin. "Competing Catastrophes: What's the Bigger Menace, an Asteroid Impact or Climate Change?" 《Scientific American》, March 31, 2010.

National Research Council. 《Defending Planet Earth: Near-Earth Object Surveys and Hazard Mitigation Strategies》. Washington, DC: National Academies Press, 2010.

Sekanina, Z., and D. K. Yeomans. "Close Encounters and Collisions of Comets with the Earth." 《Astronomical Journal》 89 (1984): 154-61.

《Study to Determine the Feasibility of Extending the Search for Near-Earth Objects to Smaller Limiting Diameters: Report of the Near-Earth Object Science Definition Team》. August 22, 2003.

Toon, O. B., K. Zahnle, D. Morrison, R. P. Turco, and C. Covey. "Environmental Perturbations Caused by the Impact of Asteroids and Comets." 《Reviews of Geophysics》 35 (1997): 41-78.

Van Dorn, W. G., B. LeMehaute, and L. S. Hwant. 《Handbook of Explosion-Generated Water Waves》. Vol. 1, 《State of the Art》. Pasadena, CA: Tetra Tech, 1968.

9장

Giorgini, J. D., S. J. Ostro, L.A.M. Benner, P. W. Chodas, S. R. Chesley, R. S. Hudson, M. C. Nolan, A. R. Klemola, E. M. Standish, R. F. Jurgens, R. Rose, A. B. Chamberlin, D. K. Yeomans, and J. L. Margot. "Asteroid 1950 DA's Encounter with Earth in 2880: Physical Limits of Collision Probability Prediction." 《Science》 296 (April 5, 2002): 132-36.

Jenniskens, P., M. H. Shaddad, D. Numan, S. Elsir, A. M. Kudoda, M. E. Zolensky, L. Le, G. A. Robinson, J. M. Friedrich, D. Rumble, A. Steele, S. R. Chesley, A. Fitzsimmons, S. Duddy, H. H. Hsieh, G. Ramsay, P. G. Brown, W. N. Edwards, E. Tagliaferri, M. B. Boslough, R. E. Spalding, R. Dantowitz, M. Kozubal, P. Pravec, J. Borovicka, Z. Charvat, J. Vaubaillon, J. Kuiper, J. Albers,

J. L. Bishop, R. L. Mancinelli, S. A. Sanford, S. N. Milam, M. Nuevo, and S. P. Worden. "The Impact and Recovery of Asteroid 2008 TC3." 《Nature》 458 (March 26, 2009): 485-88.

Milani, A., S. R. Chesley, M. E. Sansaturio, F. Bernardi, G. B. Valsecchi, and O. Arratia. "Long-Term Impact Risk for (101955) 1999 RQ36." 《Icarus》 203, no. 2 (2009): 460-71.

10장

Lu, E. T., and S. G. Love. "A Gravitational Tractor for Towing Asteroids." 《Nature》 438, no. 2 (2005): 177-78.

National Research Council. 《Defending Planet Earth: Near-Earth Object Surveys and Hazard Mitigation Strategies》. Washington, DC: National Academies Press, 2010.

Project Icarus. 《MIT Student Project in Systems Engineering》. Cambridge, MA: MIT Press, 1968.

Schweickart, R. L., T. D. Jones, F. von der Dunk, S. Camacho-Lara, and Association of Space Explorers International Panel on Asteroid Threat Mitigation. 《Asteroid Threats: A Call for Global Response》. Houston, TX: Association of Space Explorers, 2008.

본문에 언급된 소행성과 혜성

소행성

1 Ceres

2 Pallas

3 Juno

4 Vesta

5 Astraea

21 Lutetia

24 Themis

216 Kleopatra

243 Ida

253 Mathilde

433 Eros

719 Albert

887 Alinda

951 Gaspra

1036 Ganymed

1221 Amor

1566 Icarus

1814 Bach

1862 Apollo

2001 Einstein

2060 Chiron

2062 Aten

2730 Barks

2867 Steins

2956 Yeomans

3200 Phaethon

4015 Wilson–Harrington

4179 Toutatis

5496 1973 NA

5535 Annefrank

6489 Golevka

6701 Warhol

7968 Elst–Pizarro

8749 Beatles

9969 Braille

20461 Dioretsa

25143 Itokawa

29075 1950 DA

54509 YORP(2000 PH5)

60558 Echeclus

66391 1999 KW4

99942 Apophis

101955 1999 RQ36

118401 Linear

136199 Eris

136472 Makemake

163693 Atira

367943 Duende(2012 DA14)

2005 U1 Read

2008 R1 Garradd

2008 TC3

2010 TK7

2011 CQ1

2012 DA14(367943 Duende)

D/Shoemaker–Levy9

P/1999 J6 SOHO

P/1999 R1 SOHO

P/2008 R1 Garradd

P/2010 A2 LINEAR

P/2010 R2 LaSagra

혜성

1P/Halley

7P/Pons–Winnecke

9P/Tempel 1

16P/Brooks

19P/Borrelly

21P/Giacobini–Zinner

55P/Tempel–Tuttle

67P/Churyumov–Gerasimenko

73P/Schwassmann–Wachmann3

81P/Wild2

103P/Hartley2

109P/Swift–Tuttle

133P/Elst–Pizarro

176P/LINEAR

238P/Read

C/1983 H1 IRAS–Araki–Alcock

C/1995 O1 Hale–Bopp

인명 및 지명 등 고유명사 원어표기

한국어판 머리말

라 사그라 천문대 La Sagra Observatory

머리말

에드먼드 핼리 Edmond Halley
E. J. 로벨 주니어 E. J. Lovell Jr.

감사의말

댄 쉬어스 Dan Scheeres
데비 테가든 Debbie Tegarden
데이비드 디어본 David Dearborn
데이비드 모리슨 David Morrison
러스티 슈바이카르트 Rusty Schweickart
로렌스 리버모어 국립연구소 Lawrence Livermore National Laboratory
린들리 존슨 Lindley Johnson
마크 보슬로 Mark Boslough
사우스웨스트연구소 Southwest Reserarch Institute
샌디아국립연구소 Sandia Labs
스티브 체슬리 Steve Chesley
앨런 체임벌린 Alan Chamberlin
에임스연구센터 Ames Research Center
외계생명체연구소 SETI Institute
잉그리드 너리치 Ingrid Gnerlich
제트추진연구소 Jet Propulsion Laboratory, JPL
존 조지니 Jon Giorgini
클라크 채프먼 Clark Chapman
톰 존스 Tom Jones
폴 초더스 Paul Chodas

1장

래리 니븐 Larry Niven
로웰천문대 Lowell Observatory
루이스 스위프트 Lewis Swift
마우나케아천문대 Mauna Kea Observatory
미셸 냅 Michelle Knapp
브룩스천문대 Brooks Observatory
앨투나 Altoona
앨투나미러 Altoona Mirror
요하네스 케플러 Johannes Kepler
존 E. 보틀 John E. Bortle
칙술루브 Chicxulub
퉁구스카 Tunguska
픽스킬 Peekskill
호레이스 터틀 Horace Tuttle
E. L. 크리노프 E. L. Krinov
S. B. 세묘노프 S. B. Semenov
S. 아이치밀러 S. Eichmiller

2장

데이비드 주잇	David Jewitt
로버트 K. 머튼	Robert K. Merton
롤링스톤	Rolling Stone
마우나케아	Mauna Kea
스티븐 스티글러	Stephen Stigler
얀 오르트	Jan Oort
윈슬로	Winslow
제러드 카이퍼	Gerard Kuiper
제인 루	Jane Luu
척 베리	Chuck Berry
칼 세이건	Carl Sagan
케네스 에지워스	Kenneth Edgeworth
케이프 커내버럴	Cape Canaveral
쿠르트 발트하임	Kurt Waldheim
클라이드 톰보	Clyde Tombaugh
플래그스태프	Flagstaff
훌리오 페르난데즈	Julio Fernández

3장

데이비드 보크로훌리키	David Vokrouhlický
랄프 볼드윈	Ralph Baldwin
레누 말호트라	Renu Malhotra
로드니 고메스	Rodney Gomes
사이언스	Science
스티븐 로리	Stephen Lowry
스티븐 패댁	Stephen Paddack
알레산드로 모비델리	Alessandro Morbidelli
윙 입	Wing Ip
이반 야르코브스키	Ivan Yarkovsky
존 오키프	John O'Keefe
찰스 코왈	Charles Kowal
클레오메니스 치가니스	Kleomenis Tsiganis
프렌치 리비에라	French Riviera
할 레비슨	Hal Levison
V. V. 라드지에브스키	V. V. Radzievskii

4장

그로브 K. 길버트	Grove K. Gilbert
글렌 펜필드	Glen Penfield
대니얼 배린저	Daniel Barringer
렘비트 외픽	Lembit Öpik
루이스 앨버레즈	Luis Alvarez
머치슨	Murchison
벤저민 실리먼	Benjamin Silliman
셰인 토거슨	Shane Torgerson
스탠리 밀러	Stanley Miller
아르마천문대	Armagh Observatory
앨런 힐데브란드	Alan Hildebrand
에른스트 외픽	Ernst Öpik
월터 앨버레즈	Walter Alvarez
제임스 킹즐리	James Kingsley
진 슈메이커	Gene Shoemaker
토머스 제퍼슨	Thomas Jefferson
할 레비슨	Hal Levison
해럴드 유리	Harold Urey

5장

가레스 윌리엄스	Gareth Williams
고든 개러드	Gordon Garradd

구스타프 비트 Gustav Witt
그랜트 스토크스 Grant Stokes
글렌 마룰로 Glen Marullo
니스천문대 Nice Observatory
던컨 스틸 Duncan Steel
데이브 톨렌 Dave Tholen
데이비드 라비노비츠 David Rabinowitz
데이비드 레비 David Levy
래리 와서맨 Larry Wasserman
레먼 산 Mt. Lemmon
레이 뱀버리 Ray Bambery
로버트 홈즈 Robert Holmes
로브 맥너트 Rob McNaught
로저 린필드 Roger Linfield
리처드 코왈스키 Richard Kowalski
릭 힐 Rik Hill
마그달레나 릿지 천문대 Magdalena Ridge Observatory
마이크 브라운 Mike Brown
마이클 하바넥 Michael Harvanek
매트 홀만 Matt Holman
미국지질연구소 U. S. Geological Survey
미국해군성천문대 Naval Observatory
바론 프란츠 폰 자크 Baron Franz von Zach
바야돌리드대학교 University of Valladolid
밥 맥밀란 Bob McMillan
베를린천문대 Beriln Observatory
볼에어로스페이스 사 Ball Aerospace Corporation
브라이언 마스든 Brian Marsden
비글로우 산 Mt. Bigelow
빌 라이언 Bill Ryan
빌 오웬 Bill Owen
사이딩스프링 Siding Spring
소냐 키스 Sonia Keys
스콧 스튜어트 Scott Stuart
스튜어드천문대 Steward Observatory
스티브 라슨 Steve Larson
스티브 프라브도 Steve Pravdo
아드리안 레이사이드 Adrian Raeside
아레시보천문대 Arecibo Observatory
아서 클라크 Arthur C. Clarke
아시아고-치마 에카르 Asiago–Cima Ekar
안드레아 밀라니 Andrea Milani
안드레아 보아티니 Andrea Boattini
알렉스 깁스 Alex Gibbs
앨 그로어 Al Grauer
앨런 W. 해리스 Alan W. Harris
앨런 피츠시몬즈 Alan Fitzsimmons
앨리스 모넷 Alice Monet
에드 비쇼어 Ed Beshore
에릭 피어스 Eric Pearce
에이미 메인저 Amy Mainzer
에일린 라이언 Eileen Ryan
엘리너 '글로' 헬린 Eleanor 'Glo' Helin
엘리너 헬린 Eleanor Helin
오귀스트 샤를로와 Auguste Charlois
요한 다니엘 티티우스 Johann Daniel Titius

요한 보데	Johann Bode	테이블 마운튼 천문대	Table Mountain Observatory
위클천문대	Uccle Observatory	톰 게렐스	Tom Gehrels
윌리엄 허셜	William Herschel	톰 모건	Tom Morgan
유르겐 라헤	Jurgen Rahe	팀 스파	Tim Spahr
유진 델포르테	Eugéne Delporte	파브리지오 베르나디	Fabrizio Bernardi
일본우주방위협회	Japanese Spaceguard Association	팔레르모천문대	Palermo Observatory
제니 산사투리오	Genny Sansaturio	팔로마산천문대	Palomar Observatory
제부르크천문대	Seebrug Observatory	피사대학교	University of Pisa
제프리 라슨	Jeffrey Larsen	피터 버트휘슬	Peter Birtwhistle
지오반니 그론키	Giovanni Gronchi	하이델베르크천문대	Heidelberg Observatory
지오반니 발세치	Giovanni Valsecchi	할레아칼라 산	Mt. Haleakala
조지 E. 브라운	George E. Brown	호세 갈라체	Jose Galache
존 래더	John Rather	휴 해리스	Hugh Harris
주세페 피아치	Giuseppe Piazzi	MIT 링컨연구소	MIT Lincoln Laboratory
짐 스카티	Jim Scotti		
짐 영	Jim Young		
체로 파촌 산	Mt. Cerro Pachon	**6장**	
칼 가우스	Carl Gauss	돈 데이비스	Don Davis
칼 라인무트	Karl Reinmuth	돈 캠벨	Don Campbell
칼 헤르겐로더	Carl Hergenrother	랜스 베너	Lance Benner
칼 필처	Carl Pilcher	로버트 파쿼	Robert Farquhar
캐럴린 슈메이커	Carolyn Shoemaker	리처드 빈젤	Richard Binzel
켄 로렌스	Ken Lawrence	마리나 브로조비치	Marina Brozovic
코트다쥐르천문대	Cote d'Azur Observatory	마이크 놀란	Mike Nolan
		마이클 부시	Michael Busch
클렛천문대	Klet Observatory	스콧 허드슨	Scott Hudson
테드 보웰	Ted Bowell	스티브 오스트로	Steve Ostro
테렌스 브레시	Terrence Bressi	우주망원경과학연구소	Space Telescope Science Institute
테오도르 오폴처	Theodor Oppolzer		

이토카와 히데오 糸川英夫
장-뤽 마고 Jean-Luc Margot
칼 바크스 Carl Barks
파리천문대 Paris Observatory
파스칼 데샹 Pascal Deschamps
프랭크 마르키스 Franck Marchis
H. 위버 H. Weaver
M. 머츨러 M. Mutchler
Z. 르베이 Z. Levay

7장

부슈벨트 화성암 복합단지
Bushveld Igneous Complex

8장

데이브 배리 Dave Barry
레오니트 알렉세예비치 쿨리크
Leonid Alekseyevich Kulik
미국국립연구회
National Research Council
즈데넥 세카니나 Zdenek Sekanina
체서피크 만 Chesapeake Bay
카란카스 Carancas
피터 H. 슐츠 Peter H. Schultz

9장

다나 페리노 Dana Perino
데이비드 톨런 David Tholen
로이 터커 Roy Tucker
마이클 드레이크 Michael Drake
무아위아 H. 샤다드 Muawia H. Shaddad
빌 옝 Bill Yeung
사이딩스프링 서베이 Siding Spring Survey
안드레아 밀라니 Andrea Milani
앤 데스커 Anne Descour
요기 베라 Yogi Berra
카르툼대학교 University of Khartoum
키트피크천문대 Kit Peak Observatory
피터 제니스킨스 Peter Jenniskens

10장

로렌스 리버모어 국립연구소
Lawrence Livermore National Laboratory
발터 바데 Walter Baade
스탠 러브 Stan Love
에드 루 Ed Lu
에릭 아스포그 Erik Asphaug
UN 평화적 우주이용위원회
UN Committee on the Peaceful Uses of Outer Space, COPUOS
케빈 허즌 Kevin Housen
키스 홀스애플 Keith Holsapple
피트 슐츠 Pete Schultz

찾아보기

ㅇ

ㅈ

기타

우주의 여행자

소행성과 혜성, 지구와의 조우

초판 인쇄 | 2016년 1월 26일
초판 발행 | 2016년 2월 2일

지은이 | 도널드 여맨스
감 수 | 문홍규
옮긴이 | 전이주

펴낸이 | 박남주
펴낸곳 | 플루토
출판등록 | 2014년 9월 11일 제2014-61호

주소 | 04035 서울특별시 마포구 서강로 133(노고산동 57-39) 병우빌딩 815호
전화 | 070-4234-5134
팩스 | 0303-3441-5134
전자우편 | theplutobooker@gmail.com

ISBN 979-11-956184-1-5 03440

이 도서의 국립중앙도서관 출판시도서목록(CIP)은 서지정보유통지원시스템 홈페이지(http://seoji.nl.go.kr)와 국가자료공동목록시스템(http://www.nl.go.kr/kolisnet)에서 이용하실 수 있습니다.(CIP제어번호:CIP2016000598)